Mohsen Ben Ammar

Gestion optimale des systèmes multisources d'énergies renouvelables

Mohsen Ben Ammar

Gestion optimale des systèmes multisources d'énergies renouvelables

Application aux réseaux hybrides multisources autonomes à énergies renouvelables

Presses Académiques Francophones

Impressum / Mentions légales
Bibliografische Information der Deutschen Nationalbibliothek: Die Deutsche Nationalbibliothek verzeichnet diese Publikation in der Deutschen Nationalbibliografie; detaillierte bibliografische Daten sind im Internet über http://dnb.d-nb.de abrufbar.
Alle in diesem Buch genannten Marken und Produktnamen unterliegen warenzeichen-, marken- oder patentrechtlichem Schutz bzw. sind Warenzeichen oder eingetragene Warenzeichen der jeweiligen Inhaber. Die Wiedergabe von Marken, Produktnamen, Gebrauchsnamen, Handelsnamen, Warenbezeichnungen u.s.w. in diesem Werk berechtigt auch ohne besondere Kennzeichnung nicht zu der Annahme, dass solche Namen im Sinne der Warenzeichen- und Markenschutzgesetzgebung als frei zu betrachten wären und daher von jedermann benutzt werden dürften.

Information bibliographique publiée par la Deutsche Nationalbibliothek: La Deutsche Nationalbibliothek inscrit cette publication à la Deutsche Nationalbibliografie; des données bibliographiques détaillées sont disponibles sur internet à l'adresse http://dnb.d-nb.de.
Toutes marques et noms de produits mentionnés dans ce livre demeurent sous la protection des marques, des marques déposées et des brevets, et sont des marques ou des marques déposées de leurs détenteurs respectifs. L'utilisation des marques, noms de produits, noms communs, noms commerciaux, descriptions de produits, etc, même sans qu'ils soient mentionnés de façon particulière dans ce livre ne signifie en aucune façon que ces noms peuvent être utilisés sans restriction à l'égard de la législation pour la protection des marques et des marques déposées et pourraient donc être utilisés par quiconque.

Coverbild / Photo de couverture: www.ingimage.com

Verlag / Editeur:
Presses Académiques Francophones
ist ein Imprint der / est une marque déposée de
OmniScriptum GmbH & Co. KG
Heinrich-Böcking-Str. 6-8, 66121 Saarbrücken, Deutschland / Allemagne
Email: info@presses-academiques.com

Herstellung: siehe letzte Seite /
Impression: voir la dernière page
ISBN: 978-3-8416-2167-2

Zugl. / Agréé par: Sfax, Université de Sfax, ENIS, 2011

Copyright / Droit d'auteur © 2014 OmniScriptum GmbH & Co. KG
Alle Rechte vorbehalten. / Tous droits réservés. Saarbrücken 2014

Préface

Suite à l'utilisation mondiale excessive des sources d'énergies fossiles, les politiques nationale et internationale s'orientent vers l'exploitation des énergies renouvelables. Ces énergies sont essentiellement converties en électricité. L'intégration de ces énergies peut être dans les sites isolés ou ceux connectés au réseau public. L'exploitation des énergies renouvelables s'avère plus justifiée dans les zones rurales où la faible densité des populations. Vu l'intermittence des énergies renouvelables, les systèmes de conversions autonomes multisources à énergies renouvelables constituent une alternative pour fournir de l'électricité à ces zones. L'exploitation efficace des sources d'énergies renouvelables exige le développement de modèles précis, d'algorithmes de planification et de gestion optimale des énergies mises en jeu dans le réseau.

Cet ouvrage apporte des éléments de réponse pour consolider la formation de l'ingénieur et du chercheur dans le domaine des énergies renouvelables. Au début, différentes architectures de réseaux hybrides montrent les manières d'intégration des systèmes de conversion des énergies renouvelables dans les installations électriques. Puis, des outils d'analyse des éléments associés aux chaînes de conversion des énergies renouvelables, à savoir : le générateur éolien, le générateur photovoltaïque, la batterie et le groupe électrogène sont proposés. Par suite, partant d'une investigation du comportement des paramètres climatiques du site d'installation et en se basant sur les modèles des chaînes de conversion des énergies renouvelables établies, des stratégies de dimensionnement optimal d'installation à base d'énergies renouvelables sont posées.

Enfin, des études de cas sont traitées pour permettre une meilleure maîtrise de la conversion électrique des énergies renouvelables.

Table des matières

Préface 1

Chapitre 1 : Les réseaux hybrides autonomes à énergies renouvelables

1.1. Introduction 8
1.2. Situation mondiale des énergies renouvelables 8
    1.2.1. Energie photovoltaïque 11
    1.2.2. Energie éolienne 12
    1.2.3. Energie hydraulique 13
    1.2.4. Energie de la mer 13
    1.2.5. Energie à effet thermique 13
    1.2.6. La biomasse 15
1.3. Architectures des RHAER 15
    1.3.1. Architecture série 17
    1.3.2. Architecture commutée 19
    1.3.3. Architecture parallèle 19
    1.3.4. Conception des RHAER 20
1.4. Gestion énergétique des RHAER 22
    1.4.1. Gestion du stockage 23
    1.4.2. Gestion des charges 24
    1.4.3. Réserve tournante 25
    1.4.4. Temps de fonctionnement minimal 25
    1.4.5. Gestion par hystérésis 25
    1.4.6. Qualité de l'énergie d'un RHAER 26

Chapitre 2 : Modélisation des sources d'un système hybride autonome

2.1. Introduction 30
2.2. Générateur photovoltaïque 30
   2.2.1. Modèle de l'ensoleillement 30
   2.2.2. Modèle de distribution de la température ambiante 35
   2.2.3. Modèle du panneau photovoltaïque 35
   2.2.4. Adaptation des générateurs PV 38
   2.2.5. Méthodes de recherche du point de maximum de puissance 41
   2.2.6. Rendement d'un panneau photovoltaïque 46
   2.2.7. Résultats de simulation 47
2.3. Générateur éolien 52
   2.3.1. Modélisation du générateur éolien 53
   2.3.2. Simulation du modèle 54
2.4. Sources complémentaires 58
   2.4.1. Modèle de la batterie d'accumulateur 58
   2.4.2. Simulation de l'état de décharge 59
   2.4.3. Modèle électrique du groupe électrogène 60

Chapitre 3 : Gestion énergétique d'un réseau hybride à énergies renouvelables

3.1. Introduction 64
3.2. Stratégie de gestion énergétique 64
3.3. Estimation des puissances du RHER 65
   3.3.1. Estimation de la puissance photovoltaïque générée 66
   3.3.2. Estimation de la puissance éolienne générée 73
   3.3.3. Estimation de la puissance consommée 75
3.4. Méthodes de gestion énergétique d'un RHER 75
   3.4.1. Introduction aux méthodes d'optimisation 75
   3.4.2. Les méthodes déterministes 77
   3.4.3. Les méthodes stochastiques 78

3.5. Formulation de la gestion énergétique d'un cas de RHER 78
3.5.1. Formulation du problème 80
3.5.2. Définition de la fonction objectif 80
3.5.3. Paramètres économiques liés aux composantes du système 83
3.5.4. Définition des contraintes associées 85

Chapitre 4 : Implémentation et validation expérimentales

4.1. Introduction 88
4.2. Planification énergétique d'un PV domestique 89
4.2.1. Stratégie de planification 89
4.2.2. Modes de fonctionnement 89
4.2.3. Critères de planification 90
4.2.4. Algorithme de planification énergétique 91
4.2.5. Implémentation et évaluation du système 94
4.2.6. Évaluation quotidienne de la planification 94
4.2.7. Evaluation mensuelle de la planification 98
4.3. Extension à la planification d'un RHAER 101
4.3.1. Présentation de l'approche 101
4.3.2. Algorithme de planification 101
4.3.3. Simulation de la planification 103

Conclusion générale 111
Symboles et abréviations 113
Liste des figures 121
Liste des tableaux 124
Références bibliographiques 125

1

Les réseaux hybrides autonomes à énergies renouvelables

Contenu

1.1. Introduction
1.2. Situation mondiale des énergies renouvelables
1.2.1. Énergie photovoltaïque
1.2.2. Énergie éolienne
1.2.3. Énergie hydraulique
1.2.4. Énergie de la mer
1.2.5. Énergie à effet thermique
1.2.6. La biomasse
1.3. Architectures des RHAER
1.3.1. Architecture série

1.3.2. Architecture commutée
1.3.3. Architecture parallèle
1.3.4. Conception des RHAER
1.4. Gestion énergétique des RHAER
1.4.1. Gestion du stockage
1.4.2. Gestion des charges
1.4.3. Réserve tournante
1.4.4. Temps de fonctionnement minimal
1.4.5. Gestion par hystérésis
1.4.6. Qualité de l'énergie d'un RHAER

1.1. Introduction

L'électricité est la forme d'énergie la plus sollicitée par la consommation mondiale. La production se fait généralement dans des centrales de grande puissance. Un recours systématique aux carburants fossiles, tels que le pétrole, le charbon et le gaz naturel, permet d'avoir des coûts de production faibles, mais conduit à un dégagement massif de gaz polluant. En raison d'une demande mondiale d'énergie croissante, les sources d'énergies fossiles se réduisent progressivement. Ainsi, les gisements de pétrole brut et de gaz naturel seront pratiquement épuisés dans quelques décennies. De plus, la forte utilisation de combustibles fossiles et du bois est la cause de graves dégâts environnementaux et d'un réchauffement climatique de la terre. Suite à cette crise énergétique mondiale, la recherche de moyens pour réduire le coût de la consommation en énergie s'avère indispensable. Dans ce cadre, plusieurs orientations ont été abordées : l'exploitation des énergies renouvelables (solaire, éolienne, biomasse..., etc.), la récupération et la maîtrise de l'énergie [1],[2].

Dans ce chapitre, nous présentons la situation mondiale des énergies renouvelables et leurs exploitations. Par la suite, nous donnons les différentes architectures adoptées pour former des réseaux hybrides autonomes à énergies renouvelables (RHAER).

1.2. Situation mondiale des énergies renouvelables

Les recherches récentes ont prouvé que plus de 85% de l'énergie produite est obtenue à partir des matières fossiles comme le pétrole, le charbon, le gaz naturel ou à partir de l'énergie nucléaire [1],[3]. Les figures 1.1 et 1.2 montrent les répartitions en termes d'énergie primaire dans le monde pour toutes les sources actuelles.

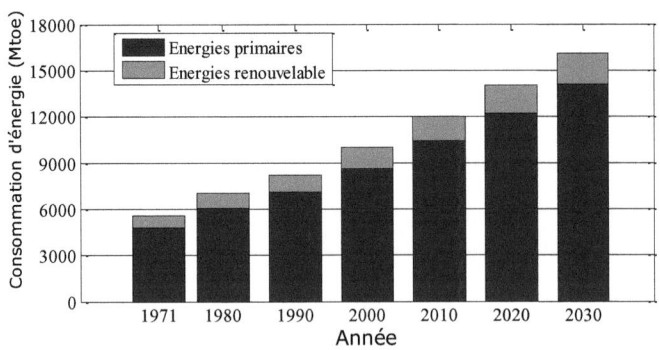

Figure 1.1 : Consommation d'énergie primaire dans le monde et prévisions.

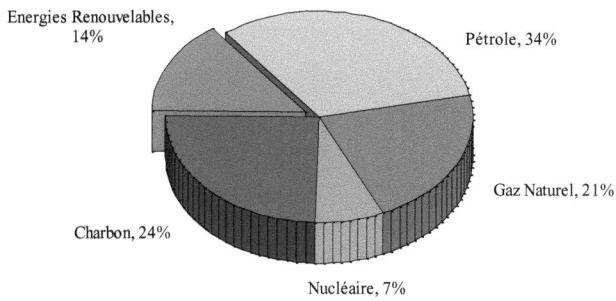

Figure 1.2 : Répartition des sources primaires d'énergie dans le monde.

Vu le besoin croissant en énergie et la diminution des sources fossiles, de nouvelles ressources sont indispensables pour couvrir le besoin mondial. C'est ainsi que les énergies renouvelables se trouvent les mieux placées pour combler ce manque. Ces énergies sont disponibles sous forme : hydraulique, éolienne, solaire thermique et photovoltaïque, produite par les vagues, la houle ainsi que par les courants marins, géothermique et biomasse. Ces sources en énergies propres sont inépuisables. Malgré les progrès technologiques et les investissements énormes dans le développement des systèmes de production d'énergie à partir des sources renouvelables, ces systèmes restent non compétitifs comparés à ceux à énergies à sources fossiles. C'est ainsi que l'exploitation des sources renouvelables sont en forte croissance. La figure 1.3 montre la répartition de la production d'électricité entre les différentes sources renouvelables ainsi que leurs prévisions pour les années à venir.

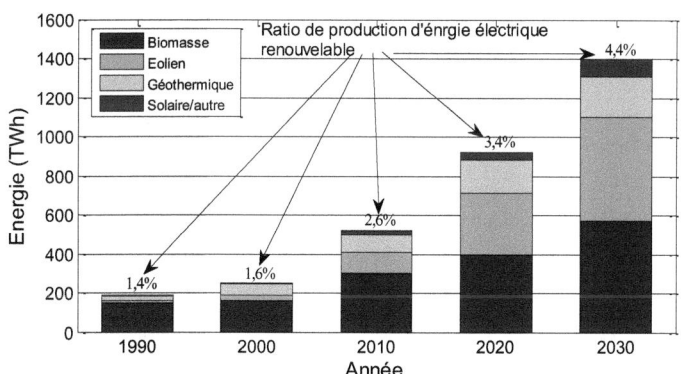

Figure 1.3 : Production mondiale de l'électricité basée sur les énergies renouvelables.

Contrairement aux sources fossiles, dont la production n'est pas contrainte du lieu, les sources d'énergies renouvelables sont restreintes du gisement et de leurs disponibilités. Ainsi, un générateur éolien ne peut être installé que dans un lieu régulièrement venté. De même, les panneaux solaires ne sont efficaces que s'ils sont installés dans des régions bien ensoleillées. La conversion de l'énergie est classée en trois grandes familles : mécanique (la houle, éolien), électrique (panneaux photovoltaïques) ou sous formes de chaleur (géothermie, solaire thermique, etc.). Une fois, convertie en électricité, l'énergie renouvelable peut être consommée soit directement ou stockée (cas des régions isolées). Dans les zones où le réseau électrique est disponible, l'énergie électrique produite peut être soit débitée au réseau, soit utilisée comme source complémentaire. Etant donné que l'énergie mécanique est difficilement transportable, elle n'est utilisable que directement et ponctuellement (pompage direct de l'eau, moulins, etc.). C'est pourquoi cette énergie est majoritairement transformée en énergie électrique. A l'exception de la biomasse et de l'hydraulique, les énergies renouvelables sont irrégulières vu qu'elles dépendent des conditions météorologiques. En contre partie les fluctuations de la demande en puissance des installations selon les périodes annuelles ou journalières ne sont pas forcément en phase avec la disponibilité des sources. Par exemple, en hiver il y a un besoin énergétique plus important pour le chauffage et l'éclairage mais les journées d'ensoleillement sont plus courtes. La solution adoptée consiste à la diversification des sources voire le couplage entre plusieurs sources (énergie solaire, énergie éolienne, etc.) pour alimenter une installation. De plus, un stockage s'avère nécessaire en vue d'absorber les surplus de ces énergies et d'améliorer considérablement l'équilibre entre la production et la consommation de l'électricité. Parmi les moyens de stockage de l'énergie électrique, nous citons les piles à combustibles qui représentent une solution entièrement propre. Cependant, cette solution, quoique très prometteuse, souffre encore de sa rentabilité. La problématique du stockage existe différemment dans les sites isolés où il est parfaitement envisageable, voire impératif d'associer un élément de stockage de type accumulateur électrochimique ou volant d'inertie [5-7].

Parmi les générateurs à énergies renouvelables nous citons ceux qui produisent directement de l'électricité. Ainsi, à l'aide des panneaux solaires ou de génératrices hydrauliques et éoliennes, la puissance électrique est récupérée pour être immédiatement utilisée par un récepteur ou bien transportée vers les réseaux de distribution. Nous donnons ici une description sommaire de chaque source énergétique et sa façon de produire l'énergie électrique.

1.2.1. Energie photovoltaïque

L'énergie photovoltaïque est obtenue directement à partir du rayonnement du soleil. Les modules photovoltaïques, composés de cellules photovoltaïques à base de silicium, ont la capacité de transformer les photons en électrons. L'énergie produite est ainsi directement utilisable. Les panneaux solaires sont relativement onéreux à la fabrication malgré la matière première peu coûteuse et abondante (silice) car une énergie significative est nécessaire à la production des cellules. Un autre inconvénient est celui de la pollution à la production qui est due à la technologie utilisée. Des progrès technologiques sont en cours pour rendre l'énergie photovoltaïque plus compétitive. En raison des caractéristiques électriques fortement non linéaires des cellules et de leurs associations, le rendement des systèmes photovoltaïques peut être augmenté par les solutions utilisant les techniques de recherche du point de puissance maximale (MPPT) [8]. L'utilisation des panneaux solaires est très pratique. L'intégration dans le bâtiment est facile et devient même esthétique. Pour les sites isolés et dispersés qui demandent peu d'énergie, ils représentent une solution idéale (télécommunication, balises maritimes, etc.). La technique photovoltaïque malgré sa complexité est aussi en très forte croissance [1],[9]. La figure 1.4a montre l'évolution mondiale et l'estimation de la production de cette source qui est en très nette progression depuis le début du siècle (la production est équivalente à la puissance des générateurs installés).

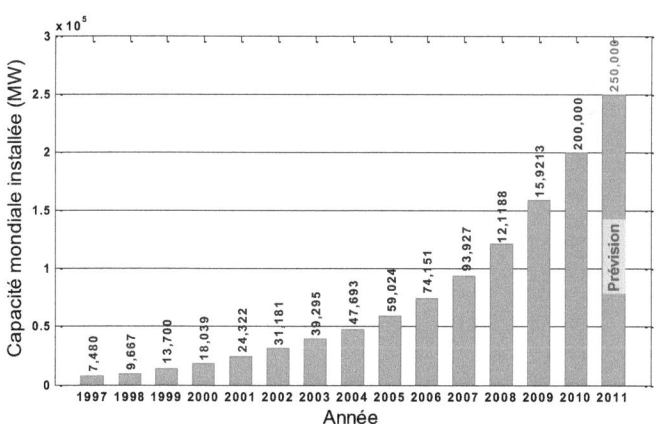

Figure 1.4a : Evolution de la production photovoltaïque mondiale.

La figure 1.4b donne la répartition de la production mondiale d'énergies renouvelables à partir des sources photovoltaïques.

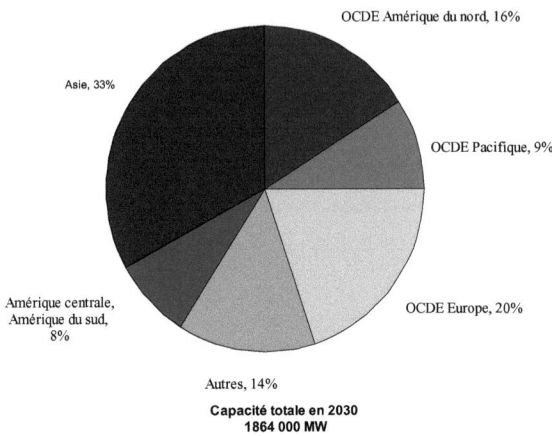

Figure 1.4b : Evolution de la production mondiale de cellules photovoltaïques en MW.

1.2.2. Energie éolienne

La source éolienne provient du déplacement des masses d'air qui est dû indirectement à l'ensoleillement de la terre. Par le réchauffement de certaines zones de la planète et le refroidissement d'autres une différence de pression est créée et les masses d'air sont en perpétuel déplacement. Cette énergie connaît depuis des années un essor sans précédent, dû aux 1ers chocs pétroliers. A l'échelle mondiale, l'énergie éolienne maintient, depuis une dizaine d'années, une croissance continue. La figure 1.5 donne l'évolution de la production éolienne pendant la dernière décennie [5].

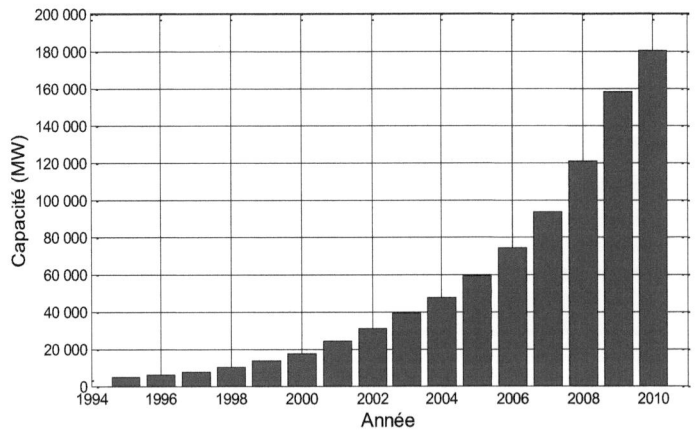

Figure 1.5 : Evolution de la production éolienne cumulée dans le monde.

1.2.3. Energie hydraulique

L'eau, comme l'air est en perpétuelle circulation. Sa masse importante est un excellent vecteur d'énergie. Les barrages sur les rivières ont une capacité importante pour les pays riches en cours d'eau qui bénéficient ainsi d'une source d'énergie propre et stockable [10],[11]. Les sites de petites puissances (moins de 10 kW) sont des solutions très prisées dans les applications aux mini-réseaux isolés. Une forte stabilité de la source ainsi que les dimensions réduites de ces sites de production sont un grand avantage.

1.2.4. Energie de la mer

L'énergie des vagues est une forme particulière de l'énergie solaire. Le soleil chauffe inégalement les différentes couches atmosphériques, ce qui entraîne des vents eux- mêmes responsables par frottement des mouvements qui animent la surface de la mer (courants, houle, vagues). Les vagues créées par le vent à la surface des mers et des océans transportent de l'énergie. Lorsqu'elles arrivent sur un obstacle elles cèdent une partie de cette énergie qui peut être transformée en courant électrique [7]. Il existe trois grandes familles de systèmes : rampe de déferlement ou overtropping, colonne d'eau oscillante ou OWC et les flotteurs articulés ou les flotteurs sur ancrage [2] [15],[16]. Une autre façon de récupérer de l'énergie de la mer est la production grâce à la marée qui est due à l'action de la lune sur les eaux. Les barrages ou les hydroliennes, installés dans les endroits fortement touchés par ce phénomène, peuvent être une source de l'énergie substantielle.

L'énergie en provenance du mouvement des eaux de la mer est une énergie très difficilement récupérable bien qu'elle représente un potentiel immense. Les investissements sont très lourds dans un environnement hostile et imprévisible. Cette énergie est à exploiter dans l'avenir et ne représente, aujourd'hui, qu'une toute petite quantité de l'énergie produite par rapport aux autres sources exploitées.

1.2.5. Energie à effet thermique

Une grande partie de l'énergie consommée par l'humanité est sous la forme de chaleur (chauffage, procédés industriels, etc.). Cette énergie est majoritairement obtenue par la transformation de l'électricité en provenance du nucléaire, du gaz ou du pétrole. Il existe des moyens pour remplacer ces sources conventionnelles par des sources renouvelables.

▶ **Thermo-solaire**

Une des façons de profiter directement de l'énergie des photons émis par le soleil est le chauffage direct des capteurs thermiques. Ils se comportent comme une serre où les rayons du soleil cèdent leur énergie à des absorbeurs qui à leur tour réchauffent le fluide circulant dans l'installation de chauffage. La température du fluide peut atteindre jusqu'à 60 à 80°C. Ce système est totalement écologique, très peu cher et la durée de vie des capteurs est élevée. Une autre propriété qui rend ce type de capteurs universels est que l'ensoleillement ne doit pas forcément être direct ce qui signifie que, même dans les zones couvertes de nuages, le fonctionnement reste correct. Le grand inconvénient est l'impossibilité de transporter l'énergie ainsi captée à grande distance. Cette source est donc à utilisation locale (principalement chauffage individuel, piscines).

Une application de la technique thermo-solaire est la production d'eau douce par distillation qui est très intéressante du point de vue des pays en voie de développement. La technologie thermo solaire plus évoluée utilisant des concentrateurs optiques (jeu de miroirs) permet d'obtenir les températures très élevées du fluide chauffé. Une turbine permet alors de transformer cette énergie en électricité à l'échelle industrielle. Cette technologie est néanmoins très peu utilisée et demande un ensoleillement direct et permanent [17].

▶ **Géothermie**

Le principe consiste à extraire l'énergie contenue dans le sol. La température croît depuis la surface vers le centre de la terre. Selon les régions géographiques, l'augmentation de la température avec la profondeur est plus ou moins forte, et varie de 3°C par 100 m en moyenne jusqu'à 15°C ou même 30°C. Cette chaleur est produite par la radioactivité naturelle des roches constitutives de la croûte terrestre [22],[23]. Par rapport à d'autres énergies renouvelables, la géothermie présente l'avantage de ne pas dépendre des conditions atmosphériques. C'est donc une énergie fiable et disponible dans le temps. Cependant, il ne s'agit pas d'une énergie entièrement inépuisable dans le sens où un puits verra un jour son réservoir calorifique diminuer. Si les installations géothermiques sont technologiquement au point et que l'énergie qu'elles prélèvent est gratuite, leur coût demeure, dans certains cas, très élevé.

1.2.6. La biomasse

La biomasse englobe toute la matière vivante d'origine végétale ou animale de la surface terrestre. Généralement, les dérivés ou déchets sont également classés dans la biomasse. Différents types sont à considérer : le bois-énergie, les biocarburants, le biogaz. La principale motivation qui pousse à la production du biogaz est environnementale. La production de l'énergie, peut être vue seulement comme une méthode d'élimination des gaz polluants, mais elle représente une ressource renouvelable très importante. Quelle que soit l'origine, le biogaz non valorisé contribue, du fait de ses fortes teneurs en méthane, à l'effet de serre, mais c'est le bilan global du cycle qui doit être considéré. Il est utilisé comme source brute ou après le processus d'épuration injecté dans les réseaux de distribution. Longtemps le biogaz ne servait qu'à la production de la chaleur. De nos jours, la filière carburant ainsi que la génération de l'électricité est en pleine expansion [2],[6],[14].

1.3. Architectures des RHAER

Les réseaux électriques multisources à base d'énergie renouvelable sont soit autonomes soit connectés au réseau électrique public. Les Réseaux Hybrides Autonomes à Energies Renouvelables (RHAER) associent deux types de sources : des sources d'énergies renouvelables qui débitent aux réseaux aux moments de la disponibilité des énergies renouvelables et des sources complémentaires telles que les groupes diesels et les batteries. Les groupes diesels interviennent pour débiter au RHAER en cas d'insuffisance d'énergie renouvelable. Quant aux batteries, elles couvrent le manque d'énergie du réseau et stockent l'énergie supplémentaire au besoin de la charge. Le RHAER représente la seule source d'énergie électrique pour l'installation à alimenter. Il est adopté quand le réseau électrique public n'est pas disponible ou quand le fonctionnement de l'installation dépend uniquement de l'occurrence du soleil ou du vent (pompage, climatisation, chauffage, etc.).

Les RHAER doivent assurer la couverture de la demande en énergie de la charge en intégrant le maximum d'énergie à partir des sources d'énergie renouvelable, tout en maintenant la qualité de l'énergie fournie (stabilité et continuité). L'économie de carburant obtenue suite à l'installation d'un RHAER et l'innovation technologique apportée aux générateurs à énergie renouvelable rendent les RHAER très compétitifs comparés aux réseaux alimentés par des sources conventionnelles. Les performances, le rendement et la durée de vie d'un RHAER dépondent de sa conception, du dimensionnement et du type de ses composants. De plus, l'architecture et la stratégie de gestion du RHAER représentent un facteur déterminant pour son optimisation énergétique.

En plus d'un ou plusieurs générateurs électrogènes et d'au moins une source d'énergie renouvelable, l'architecture générale d'un RHAER peut aussi regrouper un système de distribution à courant alternatif (Bus CA), un système de distribution à courant continu (Bus CC), un système de stockage, des convertisseurs, des charges, des charges de délestage, un gestionnaire de réseau et un système de supervision. La figure 1.6 donne l'architecture générale d'un RHAER. Les sources d'énergie renouvelable sont connectées, selon leurs natures, au bus CA ou au bus CC. L'interconnexion entre les deux bus est assurée par des convertisseurs unidirectionnels ou bidirectionnels de puissance.

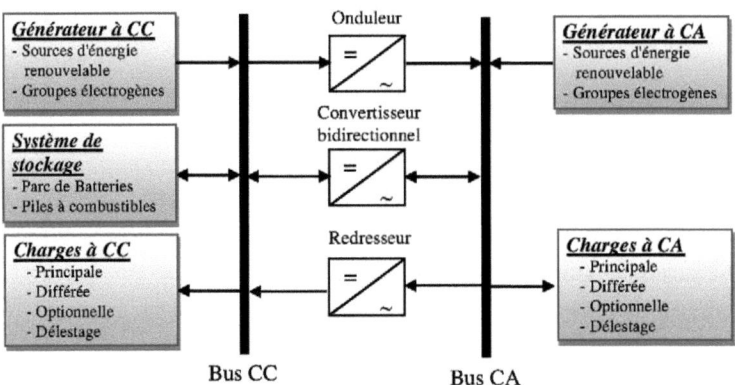

Figure 1.6 : Structure d'un système d'énergie hybride.

La puissance délivrée par un RHAER varie du kilowatt pour des applications domestiques jusqu'à des mégawatts pour les réseaux d'électrification des zones rurales. Ainsi, les exploitations des RHAER sont classées comme suit [12],[23] :

- faible puissance (moins de 5kW) : stations de pompage de l'eau, unités de télécommunications, etc.
- moyenne puissance (10 à 250 kW) : micro réseau domestique, fermes, etc.
- grande puissance (plus que 250 kW) : alimentation de villages isolés.

Les RHAER sont classifiés selon l'indice moyen de pénétration de l'énergie renouvelable, cet indice est défini par [24] :

$$Ind_{moy} = \frac{W_{ER}}{W_{CH}} \qquad (1.1)$$

L'indice de pénétration moyenne (Ind_{moy}) est calculée sur des jours, des mois ou même des années. W_{ER} et W_{CH}, exprimées en kWh, représentent respectivement les énergies renouvelables et l'énergie totale consommée par la charge principale.

Il existe différentes topologies de RHAER dérivant de l'architecture globale. Pour exposer ces topologies, nous considérons un réseau regroupant un panneau photovoltaïque équipé de son MPPT délivrant une tension continue de 12V, un générateur éolien utilisant une machine électrique asynchrone commandée qui fournie une tension alternative sinusoïdale monophasée de 230V-50Hz, un groupe électrogène (230V-50Hz), un parc de batteries (12V) muni de son contrôleur de charge, des convertisseurs statiques et des charges alternatives (230V-50Hz).

1.3.1. Architecture série

Nous distinguons l'architecture à bus continu et celle à bus alternatif.

- **Architecture série à bus continu**

Cette structure dispose d'un seul bus continu sur lequel sont connectés (figure 1.7):
- un panneau photovoltaïque équipé de son MPPT,
- un parc de batteries à travers un régulateur de charge,
- un générateur éolien muni de son MPPT et de son redresseur,
- un groupe électrogène équipé d'un redresseur,
- une charge alternative alimentée à travers un onduleur.

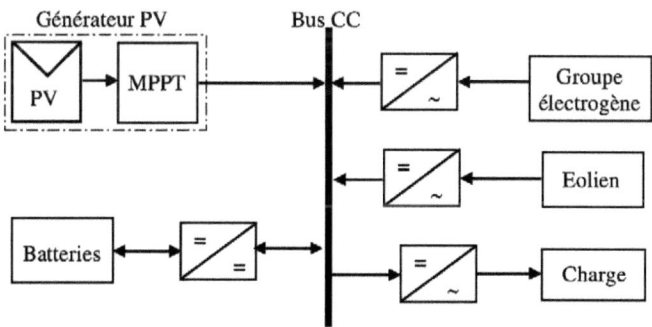

Figure 1.7 : Architecture série à bus continu d'un SHAER.

Cette structure considérée simple, offre une alimentation permanente de la charge grâce au démarrage automatique du groupe électrogène, dès lors un manque de puissance apparaît au niveau du bus [14],[15]. Cependant, les batteries se trouvent continuellement sollicitées par des cycles de charge et de décharge, chose qui diminue considérablement leurs durées de vie. En plus, le rendement global du réseau devient faible vu la multitude des convertisseurs qui participent à l'alimentation de la charge.

- **Architecture série à bus alternatif**

Cette structure dispose d'un seul bus alternatif sur lequel sont connectés (figure 1.8):
- un panneau photovoltaïque équipé de son MPPT et d'un onduleur,
- un parc de batteries à travers un régulateur de charge et un onduleur,
- un générateur éolien muni de son MPPT,
- un groupe électrogène,
- une charge alternative.

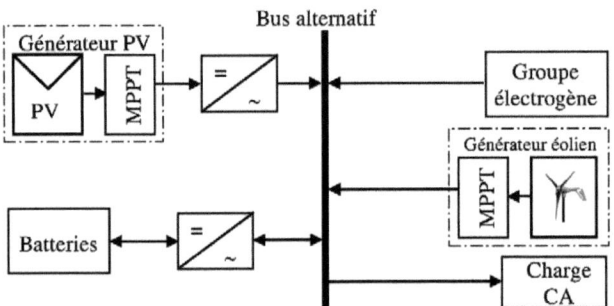

Figure 1.8 : Architecture série à bus alternatif d'un SHAER.

Considérée aussi simple, cette structure assure continuellement l'alimentation de la charge. Le groupe électrogène démarre automatiquement dès qu'un manque de puissance apparaît au niveau du bus. Le parc de batteries joue le rôle de réservoir de puissance qui permet d'amortir les fluctuations du flux de charge. La régulation est réalisée de manière autonome selon les paramètres spécifiques du parc des batteries. Ainsi, une dégradation de la durée de vie des batteries est remarquée suite aux nombreux cycles de charge et de décharge qu'elles subissent. Enfin, un système d'accrochage des différentes sources au bus alternatif est exigé [12],[13].

1.3.2. Architecture commutée

Cette structure est fréquemment adoptée. La charge est alimentée à travers un commutateur par une seule source à la fois : le groupe électrogène ou le bus continu regroupant le reste des sources à travers leurs convertisseurs convenables. Cette structure utilise moins de convertisseurs statiques, ce qui améliore le rendement global du réseau. De plus, en cas d'absence d'énergie renouvelable ou de décharge des batteries, le groupe électrogène intervient pour couvrir simultanément le besoin de la charge et charger les batteries [17]. Toutefois, un système de pilotage du commutateur est nécessaire. Ce système doit veiller à exploiter le maximum d'énergie renouvelable produite. Par contre, une électronique de commutation douce doit être installée en vue d'éviter les coupures instantanées de l'alimentation de la charge.

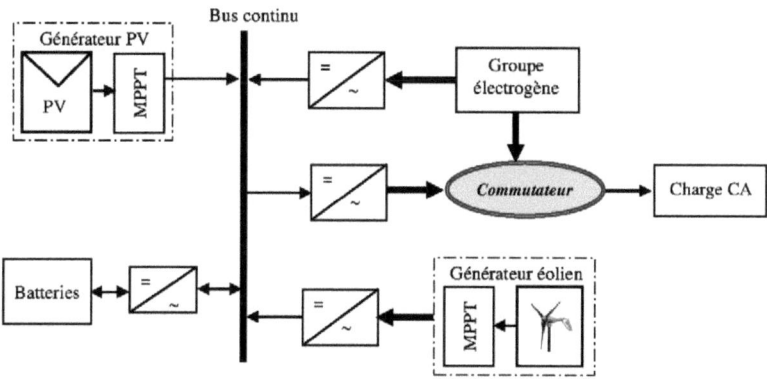

Figure 1.9 : Architecture commutée d'un RHAER.

1.3.3. Architecture parallèle

L'onduleur bidirectionnel fonctionne soit en redresseur, lorsqu'il y a un excès d'énergie produite par le générateur éolien en vue de charger la batterie, soit comme un onduleur pour transférer l'énergie fournie par le panneau photovoltaïque ou par les batteries vers la charge (figure 1.10). L'onduleur bidirectionnel offre au système parallèle la possibilité d'alimenter une charge supérieure à la puissance nominale du groupe électrogène [21] [22] [24].

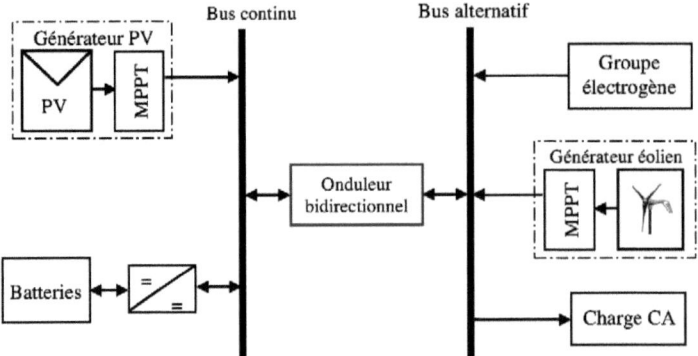

Figure 1.10 : Topologie parallèle d'un RHAER.

Le groupe électrogène intervient soit en pleine puissance en cas d'absence d'énergie renouvelable soit en complément d'énergie. L'emploi d'un seul convertisseur en onduleur et redresseur, augmente le rendement de l'installation et réduit son coût et sa maintenance. En revanche, cette structure exige un pilotage approprié de l'onduleur. Ainsi, cette architecture constitue une amélioration importante par rapport aux structures séries et commutées.

1.3.4. Conception des RHAER

Une fois l'architecture est sélectionnée, il est nécessaire de dimensionner les sources d'énergie, les convertisseurs et le système de stockage. De même, une stratégie de fonctionnement efficace doit être établie [2]. Le dimensionnement et la stratégie de gestion judicieux permettent d'obtenir un taux de pénétration important (Eq.1.1) des sources d'énergies renouvelables, sans toutefois dégrader la qualité de l'énergie fournie [24].

Le dimensionnement des RHAER repose essentiellement sur la connaissance des facteurs suivants :

- ▶ le comportement des paramètres climatiques du site (ensoleillement, vitesse du vent, température, humidité) ;
- ▶ le profil de la charge ;
- ▶ les exigences de l'installation ;
- ▶ le budget alloué.

Dans ce contexte, plusieurs logiciels de dimensionnement et de simulation des RHAER ont été développés [19],[20] à savoir : HOMER, Hybrids, SOMES, Hybrid2,

RETscreen, RAPSIM, SOLSIM, INSEL, etc. Ces logiciels ont pour but d'optimiser les dimensions des composants des systèmes hybrides moyennant différents outils standard. Le tableau 1 résume les références de ces outils et donne des observations sur leurs méthodologies de conception.

Outil	Organisme	Observations
HOMER	NREL : National Renewable Energy Laboratory, USA	- L'architecture du réseau doit être fixée. - Des configurations classées selon le coût et le cycle de vie des éléments du réseau sont proposées.
Hybrids	Solaris Homes, Queenskand, Australie	- Il exige la connaissance de la moyenne (moyenne quotidienne de consommation d'énergie) et des données sur les ressources estimées pour chaque mois. - Il délivre des configurations triées en fonction d'un critère d'optimisation.
SOMES	Utrecht University, Netherlands	- L'optimisation tient compte de l'aspect technique et économique du réseau. - Délivre des simulations du comportement du réseau (entrées, sorties).
RAPSIM	Murdoch University Energy Research Institute, Australie	- Le dimensionnement optimal est obtenu suite à la comparaison des rendements de plusieurs configurations. - Le simulateur est paramétrable pour une sélection selon le besoin.
Hybrid2	RERL : Renewable Energy Research Laboratory, University of Massachusetts Amherst	- Il est basé sur des séries chronologiques des ressources, mais ne tient pas compte de la courte durée des fluctuations causées par la dynamique des systèmes entre les composants - Il offre une interface utilisateur graphique et une bibliothèque d'équipements disponibles dans le commerce avec les spécifications des constructeurs.
RETscreen International	Ministère des Ressources naturelles du Canada	- La conception se fait selon des modèles statistiques. - L'analyse des coûts et des émissions de gaz à effet de serre se fait selon des modèles énergétiques. - Un bilan financier du réseau est établit.
SOLSIM	Fachhochschule Konstanz, Allemagne	- L'optimisation tient compte de l'angle d'inclinaison des panneaux PV par le module SolOpti. - Les coûts du cycle de vie des éléments du réseau sont calculés par module SolCal. - Les générateurs éoliens sont simulés par l'unité SolWind.

INSEL	University of Oldenburg, Allemagne	- La simulation est basée sur des diagrammes blocs qui représentent les éléments du réseau. - Les utilisateurs doivent sélectionner des blocs à partir d'une bibliothèque et les interconnecter pour définir les réseaux d'énergie à étudier.

Tableau 1.0 : Synthèse des outils de dimensionnement des RHAER.

1.4. Gestion énergétique des RHAER

Contrairement aux réseaux interconnectés qui sont considérés à puissance infinie, les RHAER sont classés comme des réseaux à faible puissance [18]. De plus, vu que l'alimentation des RHAER est assurée par des sources renouvelables, ces réseaux se caractérisent par une instabilité provoquée par l'intermittence des sources renouvelables et une discontinuité due à la disponibilité aléatoire ou périodique de ces sources. Compte tenu de ces contraintes, la conception des RHAER doit garantir continuellement la couverture du besoin énergétique de la charge. C'est ainsi, qu'une stratégie de gestion des flux énergétiques régissant les éléments du réseau est nécessaire. Cette gestion doit satisfaire les exigences de la charge connectée au RHAER d'une façon instantanée ou planifiée (à court et moyen terme). De plus, elle doit prendre en considération les contraintes fonctionnelles et comportementales de la charge au cours du temps. Enfin, une gestion efficace doit offrir à la charge une bonne qualité d'énergie caractérisée par la protection des éléments du réseau (la batterie, les générateurs à énergie renouvelable) et par la stabilité de la fréquence et de la tension. En l'absence de source complémentaire (Groupe électrogène), plusieurs stratégies de gestion ont été tracées en vue de répondre aux exigences de la charge et du réseau. La dynamique d'un RHAER liée à l'aspect comportemental des sources à énergie renouvelable exige le développement d'une stratégie de gestion des énergies mises en jeux. Cette stratégie doit tenir compte [23],[24] :

- du profil de charge : les variations diurnes, les variations saisonnières, les pics et les creux ;
- des caractéristiques des sources renouvelables : les valeurs moyennes, la fréquence des événements, les valeurs extrêmes, les variations diurnes et saisonnières ;
- des caractéristiques des générateurs à énergies fossiles : le type de carburant, les limites de fonctionnement ;

➤ de la configuration du système : le nombre et les types de composants (les sources d'énergie renouvelable, les sources classiques, les charges contrôlables, les types de stockage, les convertisseurs de puissance) ;
➤ des normes de qualité de l'énergie : les exigences en ce qui concerne les variations de la fréquence et de la tension.

Basée sur la supervision du RHAER, la gestion du réseau doit déboucher sur une prise de décision concernant l'instant et la durée de connexion de la charge au générateur convenable tout en respectant la sécurité des éléments du réseau et les exigences fonctionnelles de la charge. En littérature différentes stratégies de gestion ont été développées [25]. Ces stratégies visent essentiellement à répondre aux exigences du réseau : optimisation de l'énergie produite, garantir l'alimentation permanente de la charge et respecter la sécurité des générateurs et des convertisseurs. Cependant, dans des applications particulières certaines stratégies de gestion sont plus efficaces que d'autres. L'efficacité dépend des objectifs du réseau et des contraintes de gestion.

1.4.1. Gestion du stockage

Deux types de gestions sont adoptés : à court terme et à long terme [24]. La stratégie de gestion de stockage à court terme permet de filtrer les fluctuations des énergies renouvelables et/ou de la charge. Cette stratégie réduit également le nombre de cycles démarrage/arrêt du groupe électrogène ce qui diminue la consommation de carburant. La gestion à long terme est utilisée de manière à alimenter la charge sur une période de temps plus longue. Cette stratégie permet d'améliorer l'équilibre énergétique et de réduire les cycles démarrage/arrêt du groupe électrogène. Avec cette stratégie, le groupe électrogène est arrêté jusqu'à ce que l'état de charge du système de stockage atteigne un niveau minimal. D'une manière cyclique, une fois ce seuil est atteint, le groupe électrogène est remis en service jusqu'à ce que l'énergie stockée atteigne un niveau maximal. Les algorithmes des deux types de gestion sont :

Gestion à court terme *:*
- *alimenter continuellement la charge ;*
- *stocker l'excès de l'énergie produite ;*
- *si l'énergie produite devient inférieure au besoin de la charge, alors ajouter le complément d'énergie à partir de l'énergie stockée ;*

- *si l'énergie totale produite ne couvre plus le besoin de la charge, alors mettre en service le groupe électrogène.*

Gestion à long terme :
- *tester le niveau de l'énergie stockée :*
  - ➢ *Si le niveau est supérieur à seuil minimal, alors alimenter la charge à partir de cette énergie ;*
  - ➢ *Sinon alimenter le réseau avec le groupe électrogène en cas d'absence d'énergie renouvelable.*

1.4.2. Gestion des charges

Elle consiste à agir sur les charges à alimenter pour varier la demande d'énergie. Les charges sont alors connectées et déconnectées par ordre de priorité (Figure 1.11).

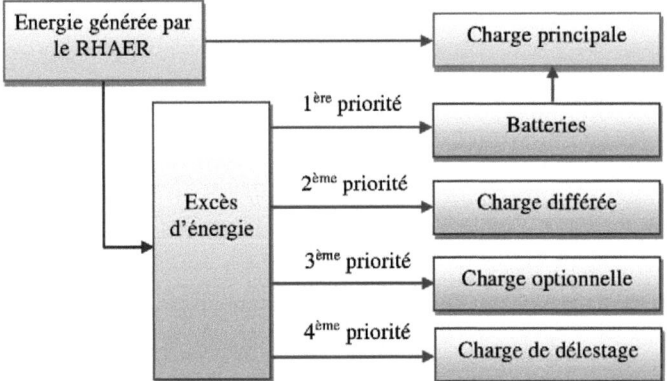

Figure 1.11 : Diagramme de gestion des priorités des charges.

La stratégie de contrôle à court terme consiste à connecter et à déconnecter les charges en fonction du dépassement de certains seuils fixes pour la fréquence du bus à courant alternatif. Selon les variations de la fréquence, les charges sont connectées de manière progressive. La charge de délestage (dump load) est une charge dont la puissance peut être modifiée en fonction de la déviation de fréquence. Ce qui permet de régler la fréquence du réseau dans des conditions de surplus d'énergie.

La gestion à long terme assure l'équilibre énergétique sur de longs intervalles de temps. Les charges différées et optionnelles ont une priorité réduite sur une partie de la journée. Elles sont connectées seulement quand leur régime de priorité est élevé. La stratégie de gestion des charges est aussi utilisée pour réduire les pertes énergétiques au niveau du groupe électrogène [22].

1.4.3. Réserve tournante

La réserve tournante représente l'exigence du système de commande définie par la capacité des générateurs à énergies fossiles de couvrir les changements immédiats causés par l'arrêt des générateurs d'énergie renouvelable et par l'augmentation brusque de la puissance de la charge [25]. En effet, la réserve tournante détermine la capacité instantanée de la réserve minimale du groupe électrogène en fonction des prévisions de la production d'énergie renouvelable et de l'évolution de la charge. La réserve d'énergie doit être toujours disponible pour éviter l'effondrement du système lors d'une réduction brusque de la production d'énergie renouvelable.

1.4.4. Temps de fonctionnement minimal

Cette stratégie consiste à maintenir le groupe électrogène en service pour une durée minimale prédéfinie en fonction de la variabilité de la charge ou de la variabilité de l'énergie renouvelable [21]. Elle est adoptée pour réduire le nombre de démarrages /arrêts quand la différence entre la puissance consommée par la charge et la puissance renouvelable varie beaucoup. La minimisation du nombre de démarrages/arrêts du groupe électrogène permet d'éviter l'usure des moteurs diesels et leurs démarreurs et de limiter la consommation du carburant.

1.4.5. Gestion par hystérésis

Elle est adoptée pour commander la déconnexion du groupe électrogène. Le groupe électrogène n'est arrêté que si la puissance produite par les sources renouvelables devient supérieure au besoin énergétique de la charge (Fig.1.12). Ce surplus minimal d'énergie (ou hystérésis) est mesuré à partir de la variation de fréquence du réseau [22].

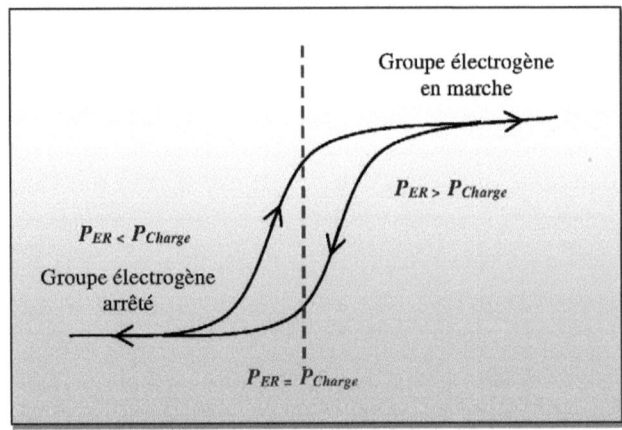

Figure 1.12 : Gestion de l'énergie par hystérésis.

1.4.6. Qualité de l'énergie d'un RHAER

La qualité de l'énergie électrique fait référence à la stabilité de la tension, à la stabilité de la fréquence du réseau et à l'absence de différents phénomènes électriques (comme le flicker ou les distorsions harmoniques). Bien qu'il n'y ait pas de normes internationales spécifiques pour les systèmes de génération en site isolé, les caractéristiques du réseau isolé doivent être semblables aux caractéristiques des grands réseaux interconnectés. Les consommateurs connectés au réseau isolé, tout comme ceux connectés aux grands réseaux interconnectés, utilisent les mêmes appareils. Par, conséquent, les exigences de qualité de l'énergie sont également les mêmes. La plupart des mesures et définitions utilisées dans les normes sont basées sur l'analyse de la fréquence et de la tension. La figure 1.13 montre une classification de ces perturbations en fonction de leurs caractéristiques [25].

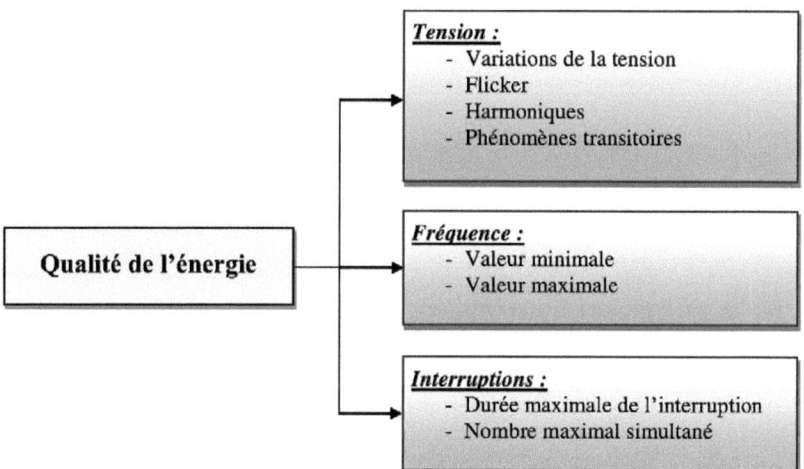

Figure 1.13 : Classification des perturbations du point de vue qualité de l'énergie.

2

Modélisation des sources d'un système hybride autonome

Contenu

2.1. Introduction

2.2. Générateur photovoltaïque

2.2.1. Modèle de l'ensoleillement

2.2.2. Modèle de distribution de la température ambiante

2.2.3. Modèle du panneau photovoltaïque

2.2.4. Adaptation des générateurs PV

2.2.5. Méthodes de recherche du point de maximum de puissance

2.2.6. Rendement d'un panneau photovoltaïque

2.2.7. Résultats de simulation

2.3. Générateur éolien

2.3.1. Modélisation du générateur éolien

2.3.2. Simulation du modèle

2.4. Sources complémentaires

2.4.1. Modèle de la batterie d'accumulateur

2.4.2. Simulation de l'état de décharge

2.4.3. Modèle électrique du groupe électrogène

2.1. Introduction

Suite à une discussion menée sur les différentes architectures des RHAER, le chapitre précédent a permis de sélectionner l'architecture parallèle jugée adéquate grâce à son efficacité énergétique, sa simplicité d'installation et de substitution des sources du réseau. Cette architecture est composée d'un bus continu 12V alimenté par un panneau photovoltaïque et une batterie. Ce bus est connecté à un onduleur survolteur bidirectionnel qui alimente un bus alternatif de 230V-50Hz. A son tour, ce bus rassemble le générateur éolien et le groupe électrogène à travers un système de commutation pour alimenter une charge alternative. Dans l'objectif de dimensionner, gérer et commander les éléments du RHAER, une modélisation des différents composants s'avère nécessaire. À cet effet, nous présentons les modèles du générateur photovoltaïque, de l'éolienne, des batteries et du groupe électrogène. Après simulation et modélisation, un modèle global du système hybride multi-sources Photovoltaïque/ Eolien/Diesel/Batterie est établi.

2.2. Générateur photovoltaïque

2.2.1. Modèle de l'ensoleillement

L'ensoleillement dépend essentiellement de la position du soleil. Ce dernièr est repéré à chaque instant de la journée et de l'année par ses coordonnées relatives aux deux différents systèmes de repères : équatorial et horizontal. L'ensoleillement reçu par un champ de capteurs photovoltaïques est calculé en fonction de son orientation et de l'ensoleillement mensuel quotidien reçu sur une surface horizontale.

a) Déclinaison

La déclinaison du soleil représente l'angle que fait la direction du soleil avec sa projection sur le plan équatorial (fig.2.1). Elle varie de +23°45' au solstice d'été (le 21 juin) à -23°45' au solstice d'hiver (le 21 décembre). Dans la littérature, la déclinaison exprimée en degré, au jour j compté du premier janvier ($j = 1$ pour le 1er janvier, $j = 32$ pour le 1er février, etc.), est calculée par l'équation de Cooper [26]:

$$\delta = 23.45\sin(2\pi\frac{284+j}{365}) \qquad (2.1)$$

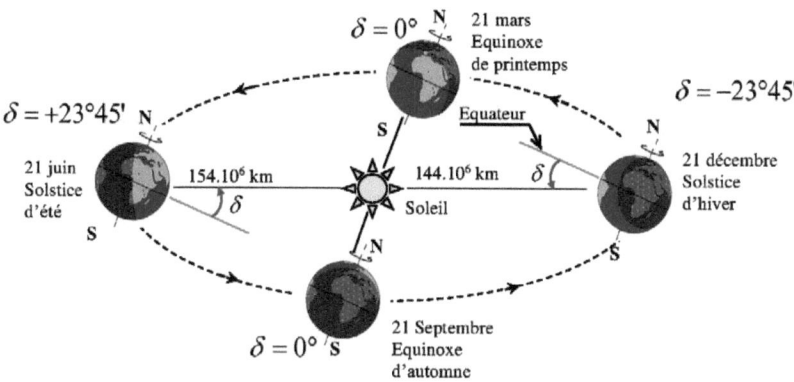

Figure 2.1 : Mouvement de la terre autour du soleil.

b) Angle horaire du soleil

L'angle horaire du soleil est le déplacement angulaire du soleil autour de l'axe polaire, dans sa course d'Est en Ouest, par rapport au méridien local. La valeur de l'angle horaire est nulle à midi-solaire, négative le matin, positive en après-midi et augmente de 15° par heure. Ainsi, à 7h du matin l'angle horaire du soleil vaut -75°.

L'angle horaire du soleil à son coucher ω_s est donné par l'équation suivante [27] :

$$\cos\omega_s = -tg\,\varphi\, tg\,\delta \qquad (2.2)$$

où δ est la déclinaison calculée d'après l'équation (2.1) et φ la latitude du site.

c) Rayonnement extraterrestre et indice de clarté

Le rayonnement extraterrestre est rayonnement solaire avant qu'il n'atteigne la couche atmosphérique. Le rayonnement extraterrestre (en joule/m²) sur une surface horizontale H_0, pour le jour j, est obtenu à l'aide de l'équation suivante [27] :

$$H_0 = \frac{86.4\times 10^3\, G_{sc}}{\pi}(1+33\times 10^{-3}\cos(2\pi\frac{j}{365}))(\cos\varphi\cos\delta + \omega_s\sin\varphi\sin\delta) \qquad (2.3)$$

où $G_{sc} = 1367\,W/m^2$ est la constante solaire, ω_s est exprimé en radian.

Le rayonnement solaire est atténué par l'atmosphère et les nuages avant qu'ils n'atteignent le sol. L'indice de clarté (*clearness index*) K_T est le rapport entre le rayonnement au sol et le rayonnement extraterrestre. La moyenne mensuelle de cet indice est définie par :

$$\overline{K}_T = \frac{\overline{H}}{\overline{H}_0} \qquad (2.4)$$

où $\overline{H}$ est la moyenne mensuelle de rayonnement solaire quotidien reçu sur un plan horizontal et $\overline{H}_0$ est la moyenne mensuelle du rayonnement extraterrestre sur la même surface horizontale. La valeur de $\overline{K}_T$ varie selon le site et la saison. Elle est comprise entre 0.3 et 0.8 (0.3 pour des régions ou des saisons pluvieuses et 0.8 pour des saisons ou des climats secs et ensoleillés) [26],[28].

d) Calcul de l'ensoleillement sur un plan incliné

Le calcul de l'ensoleillement sur la surface d'un champ photovoltaïque est basé sur la méthode de Klein et Theilacker [29].

e) Algorithme de calcul de l'ensoleillement

L'algorithme de calcul peut être décrit comme une succession de trois étapes:
- Calcul des ensoleillements horaires global et diffus sur une surface horizontale pour toutes les heures d'une journée type ayant le même ensoleillement global quotidien que la moyenne mensuelle ;
- Calcul des valeurs horaires de l'ensoleillement global sur la surface inclinée pour toutes les heures de la journée ;
- Sommation de ces valeurs horaires sur la surface inclinée pour obtenir l'ensoleillement quotidien moyen sur la surface du champ PV.

f) Calcul de l'ensoleillement horaire global et diffus

Le rayonnement solaire est composé de :
- l'ensoleillement direct, émis par le disque solaire ;
- l'ensoleillement diffus émis par le reste de la voûte céleste.

L'algorithme de calcul sur une surface inclinée exige la connaissance des ensoleillements direct et diffus pour chaque heure d'une journée moyenne. Ainsi, la moyenne mensuelle $\overline{H}_d$ de l'ensoleillement diffus quotidien $\overline{H}_d$ est calculée à partir de la moyenne mensuelle de l'ensoleillement global quotidien $\overline{H}$. Si l'angle horaire du soleil à son coucher pour le jour moyen du mois est inférieur à 81.4°, par :

$$\overline{H}_d = \overline{H} \times \left(1.391 - 3.56\,\overline{K}_T + 1.189\,\overline{K}_T^{\,2} - 2.137\,\overline{K}_T^{\,3}\right) \qquad (2.5)$$

Dans le cas où l'angle horaire du soleil à son coucher pour le jour moyen du mois est supérieur à 81.4°, $\overline{H}_d$ est donné par :

$$\overline{H}_d = \overline{H} \times \left(1.311 - 3.022\,\overline{K}_T + 3.427\,\overline{K}_T^{\,2} - 1.821\,\overline{K}_T^{\,3}\right) \quad (2.6)$$

L'ensoleillement quotidien moyen est réparti en valeurs horaires. Cela est obtenu en se référant aux formules relatives à l'ensoleillement global de Collares-Pereira et Rabl suivantes [28],[29] :

$$r_t = \frac{\pi}{24}(a + b\cos\omega)\frac{\cos\omega - \cos\omega_s}{\sin\omega_s - \omega_s \cos\omega_s} \quad (2.7)$$

$$a = 0.409 + 0.5016\sin(\omega_s - \frac{\pi}{3}) \quad (2.8)$$

$$b = 0.6609 + 0.4767\cos(\omega_s - \frac{\pi}{3}) \quad (2.9)$$

où r_t est le rapport de la valeur horaire sur le total quotidien de l'ensoleillement global, ω_s est l'angle horaire du soleil à son coucher exprimé en radians (éq. 2.2) et ω est l'angle horaire du soleil pour le milieu de l'heure pour laquelle le calcul est fait, exprimé aussi en radians ; et avec la formule de Liu et Jordan pour l'ensoleillement diffus [26], on calcule :

$$r_d = \frac{\pi}{24} \times \frac{\cos\omega - \cos\omega_s}{\sin\omega_s - \omega_s \cos\omega_s} \quad (2.10)$$

où r_d est le rapport de la valeur horaire sur le total quotidien de l'ensoleillement diffus. Pour chaque heure de la journée moyenne, H (ensoleillement global horizontal), H_d et H_b (ses composantes diffuse et directe) sont données par les formules suivantes :

$$H = r_t \overline{H} \quad (2.11)$$

$$H_d = r_d \overline{H}_d \quad (2.12)$$

$$H_b = H - \overline{H}_d \quad (2.13)$$

g) Calcul de l'ensoleillement horaire sur le plan du champ PV

L'ensoleillement horaire sur le plan du champ photovoltaïque, H_t, est obtenu en utilisant le modèle isotrope suivant :

$$H_t = H_b \times R_b + H_d\left(\frac{1+\cos\beta_c}{2}\right) + H \times \rho \times \left(\frac{1-\cos\beta_c}{2}\right) \quad (2.14)$$

où ρ est le coefficient de réflexion de lumière diffuse du sol (albédo du sol) et β_c désigne l'inclinaison du champ photovoltaïque. L'albédo du sol est fixé à 0.2 si la température moyenne mensuelle est supérieure à 0°C, et à 0.7 si la température est inférieure à -5°C (une interpolation linéaire sera faite pour les températures comprises entre ces deux valeurs).

R_b est le rapport de l'ensoleillement direct sur le champ PV par l'ensoleillement direct sur l'horizontal :

$$R_b = \frac{\sin\theta}{\sin\theta_z} \qquad (2.15)$$

où θ est l'angle d'incidence de l'ensoleillement direct sur le champ PV (angle formé par les rayons du soleil et le plan du panneau. Il dépend de la saison et varie de 30° en hiver à 90° en été. θ_z est l'angle zénithal du soleil : angle formé par les rayons du soleil et l'axe polaire (fig.2.2).

$$\cos\theta_z = \sin\delta\sin\varphi + \cos\delta\cos\varphi\cos\omega \qquad (2.16)$$

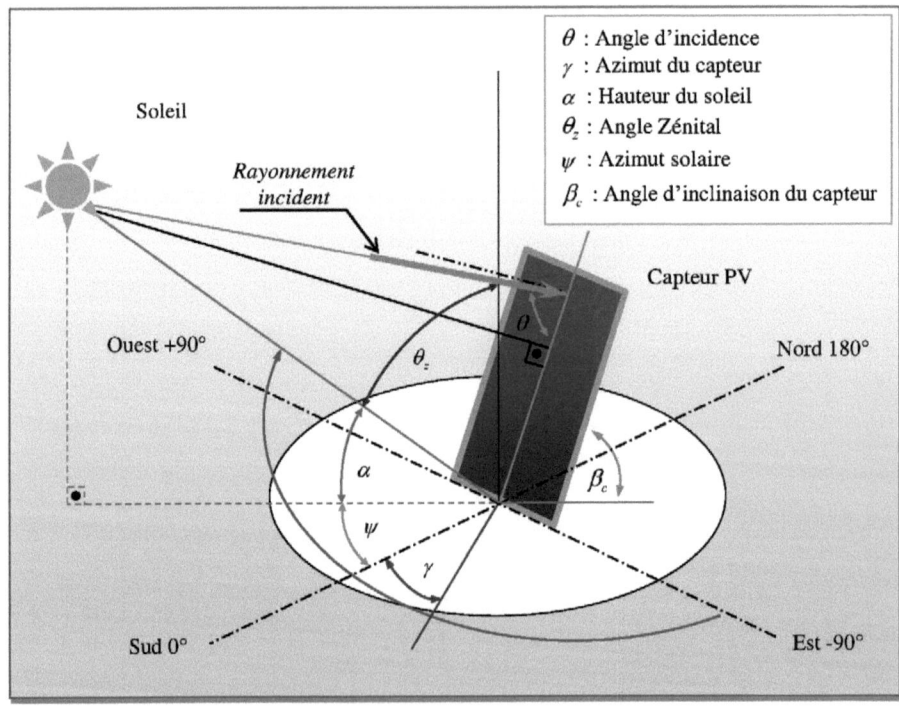

Figure 2.2 : Ensoleillement reçu sur plan incliné.

L'ensoleillement sur le plan incliné est calculé pour toutes les heures de la journée. Le total quotidien H_t est alors obtenu par la sommation de ces valeurs horaires. L'avantage de cet algorithme est qu'il peut s'adapter aux situations où la position des capteurs varie au cours de la journée, comme c'est le cas avec les dispositifs suiveurs. Pour ces surfaces avec suivi du soleil, l'inclinaison du champ β_c et l'angle d'incidence θ pour chaque heure sont déterminés par des équations spécifiques.

2.2.2. Modèle de distribution de la température ambiante

Ce modèle utilise la valeur minimale et la valeur maximale de la température ambiante ($T_{a,\min}(j)$, $T_{a,\max}(j)$, calculées ou mesurées) pour un jour j en vue d'exprimer la distribution. La température ambiante estimée $T_a(j,t)$ pour le jour j est calculée selon la distribution cosinusoïdale suivante [30,31].

$$T_a(j,t) = \frac{T_{a,\max}(j) + T_{a,\min}(j)}{2} + \frac{T_{a,\max}(j) - T_{a,\min}(j)}{2} \cos(\frac{\pi(t-13)}{24}) \qquad (2.17)$$

La température ambiante moyenne mensuelle est considérée comme étant celle du 15ème jour de chaque mois ($j=15$). Cependant, nous obtenons alors douze distributions de températures caractérisant toute l'année. Les moyennes mensuelles de la température ambiante au cours du jour sont calculées par l'équation 2.18 :

$$T_{a,moy}(j) = \frac{1}{GMT_{coucher}(j) - GMT_{lever}(j)} \int_{GMT_{lever}(j)}^{GMT_{coucher}(j)} T_a(j,t) dt \qquad (2.18)$$

2.2.3. Modèle du panneau photovoltaïque

La modélisation du système de conversion photovoltaïque englobe le générateur photovoltaïque et l'ensemble hacheur système de commande, permettant d'extraire la puissance maximale. Un module photovoltaïque est constitué d'un ensemble N_s de cellules connectées en série. Un panneau photovoltaïque (PV) est constitué d'un ensemble N_p de modules photovoltaïques connectés en parallèle. Le schéma de connexions d'un PPV est représenté par la figure 2.3 [32],[33].

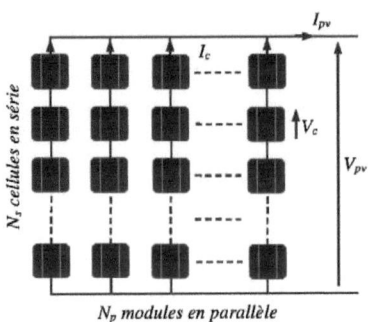

Figure 2.3 : Schéma de connexion d'un PPV.

La puissance électrique produite par une cellule photovoltaïque dépend de l'intensité de l'ensoleillement G, de la température ambiante T_a et surtout de la tension V_c de sortie. Le schéma électrique équivalent d'une cellule d'un PPV est donné par la figure 2.4, où I_{ph} représente le photo-courant créé dans les photopiles par le rayonnement solaire. Le courant I_c est proportionnel à l'ensoleillement reçu et opposé au courant de la diode équivalente D. I_d représente le courant direct de la diode. La résistance shunt R_{sh} caractérise le courant de fuites au niveau de la jonction alors que la résistance R_s représente les diverses résistances de contact et de connexion. De nombreux modèles mathématiques ont été développés pour représenter le comportement fortement non linéaire qui résulte des jonctions semi-conductrices qui sont à la base de leurs réalisations d'une cellule photovoltaïque. Le courant fourni par la cellule est exprimé par [34] :

$$I_c = I_{ph} - I_d - I_{sh} = I_{ph} - I_0 \cdot \left[\exp\left(\frac{V_c + R_s \cdot I_c}{n \cdot K_B \cdot T_a / q} \right) - 1 \right] - \frac{V_c + R_s \cdot I_c}{R_{sh}} \quad (2.19)$$

Où I_0 est le courant de saturation inverse de la diode.

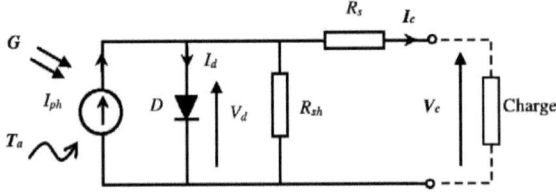

Figure 2.4 : Schéma électrique équivalent d'une cellule photovoltaïque.

La tension aux bornes d'un module photovoltaïque en fonction du courant de charge est décrite par l'équation suivante :

$$V_c = \frac{n \cdot K_B \cdot T_a}{q} \cdot \ln\left(\frac{I_{SC} - I_c}{I_0}\right) \quad (2.20)$$

Le photo-courant I_{ph} s'exprime en fonction des variations de la température T_a et de l'ensoleillement G par :

$$I_{ph} = I_{ph}(T_{1,ref}) + K_0 \cdot (T_a - T_{1,ref}) \quad (2.21)$$

$$I_{ph} = I_{STC}(T_{1,ref,STC}) \cdot \frac{G}{G_{STC}} \quad (2.22)$$

$$K_0 = \frac{I_{SC}(T_{2,ref}) - I_{SC}(T_{1,ref})}{(T_{2,ref} - T_{,ref1})} \quad (2.23)$$

$$I_0 = I_0(T_1) \cdot \exp\left(\frac{q \cdot V_q(T_{1,ref})}{n \cdot K_B \cdot (1/T_a - 1/T_{1,ref})}\right) \cdot \left(\frac{T_a}{T_{1,ref}}\right)^{3/n} \quad (2.24)$$

$$I_0(T_{1,ref}) = I_{SC}(T_{1,ref}) / \left(\exp\left(\frac{q \cdot V_{OC}(T_{1,ref})}{n \cdot K_B \cdot T_{1,ref}}\right) - 1\right) \quad (2.25)$$

La résistance R_s d'une cellule au point V_{OC} est calculée par l'équation 2.26 :

$$R_s = -\frac{dV_c}{dI_c}\bigg|_{V_{OC}} - \left(\frac{n \cdot K_B \cdot T_{1,ref}}{q}\right) \bigg/ \left(I_0(T_{1,ref}) \cdot \left(\exp\left(\frac{q \cdot V_{OC}(T_{1,ref})}{n \cdot K_B \cdot T_{1,ref}}\right)\right)\right) \quad (2.26)$$

Avec

I_{SC} : Courant de court-circuit

$I_{SC,STC}$: Courant de court-circuit dans les conditions standards

V_{OC} : Tension du module en circuit ouvert

STC : Conditions standards (1000W/m^2, 25 °C)

$T_{1,ref}$: Température de référence à 1000W/m^2, 298K (25°C)

K_B : Constante de Boltzmann (1.3806×10^{-23} en J/K)

q : Charge élémentaire d'électron (1.6×10^{-19} C)

T_a : Température ambiante (en Kelvin)

n : Facteur de non idéalité de la diode

G : Ensoleillement (en W/m^2)

$T_{2,ref}$: Température de référence pour à 800W/m^2, 293K (20°C)

K_0 : Coefficient température de variation du courant I_{SC} (en %).

La puissance générée par un panneau photovoltaïque constitué de N_p modules en parallèle dont chacun est formé de N_s cellules en série est donnée par la relation suivante:

$$P_{pv} = V_{pv} \cdot I_{pv} = N_s \cdot V_c \cdot N_p \cdot I_c \qquad (2.27)$$

$$P_{pv} = N_s \left(\frac{nK_B T_a}{q} \ln\left(\frac{I_{SC} - I_c}{I_0} \right) \right) \cdot N_p \left(I_{ph} - I_0 \left[\exp\left(\frac{q(V_c + R_s I_c)}{nK_B T_a} \right) - 1 \right] - \frac{V_c + R_s I_c}{R_{sh}} \right) \qquad (2.28)$$

2.2.4. Adaptation des générateurs PV

Le raccordement d'un générateur photovoltaïque à une charge nécessite un système d'adaptation permettant d'assurer son fonctionnement à puissance maximale. L'adaptation consiste à varier le rapport cyclique de la commande du convertisseur continu-continu (hacheur) intercalé entre le panneau PV et la charge pour des applications en tension continue. La figure 2.5 présente le schéma synoptique de l'adaptation DC-DC du générateur PV à une charge résistive [35].

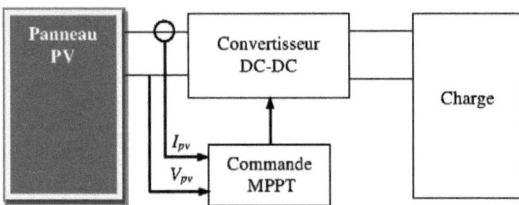

Figure 2.5 : Synoptique de l'adaptation DC-DC.

Trois types de hacheurs sont envisageables : le dévolteur (buck) pour des applications de 12V à 14V, le survolteur (boost) pour des applications nécessitant des tensions supérieures à 19V et le dévolteur- survolteur (buck-boost) en cas des applications qui exigent un fonctionnement en deux modes à la fois, dévolteur et survolteur. Dans la majorité des applications le boost est le plus utilisé. Ce convertisseur DC-DC est constitué des inductances, des condensateurs et des interrupteurs électroniques. Il est caractérisé par une faible consommation d'énergie électrique et un rendement élevé. L'interrupteur électronique le plus sollicité est un transistor MOSFET à commutation rapide [36],[37]. Le signal d'enclenchement du MOSFET est généré par un système de commande MPPT (Maximum Power Point Tracking) dont le rôle est de poursuivre le point de puissance maximale du générateur PV quelles que soient les conditions météorologiques et les variations de la charge. Le schéma équivalent d'un hacheur boost est représenté par la figure 2.6.

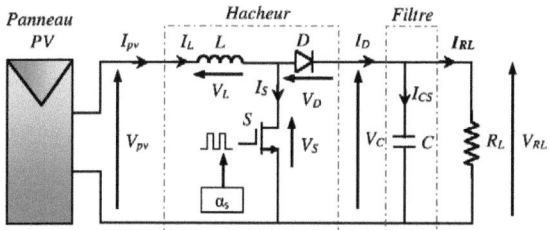

Figure 2.6 : Schéma équivalent d'un hacheur boost.

a) Principe de fonctionnement

Le principe du hacheur boost est d'assurer l'adaptation d'énergie entre la charge à courant continu et le panneau photovoltaïque. Par un tel convertisseur DC-DC, on cherche à fixer une tension moyenne $V_{C,moy}$ à la sortie du convertisseur, qui répond aux critères suivants :

✓ $V_{C,moy} > V_{pv}$

✓ $V_{C,moy}$ réglable dans la fourchette désirée.

Deux phases de fonctionnement sont à distinguer :
- Lorsque le transistor MOSFET S est saturé (fermé), la diode est polarisée en inverse ($V_D = -V_C$); la charge est donc isolée de la source. L'énergie fournie par la source est cumulée dans l'inductance L.
- Lorsque le transistor MOSFET S est bloqué (ouvert), l'étage de sortie (condensateur et la charge) reçoit de l'énergie de la source et de l'inductance L.

En régime permanent, le condensateur de filtrage C a une valeur de capacité suffisamment élevée pour que l'on puisse considérer la tension disponible en sortie constante :

$$V_C(t) = V_{C,moy} \qquad (2.29)$$

Enfin on distingue deux modes de fonctionnement selon que le courant $I_L(t)$ dans l'inductance L est interrompu ou non.

b) Fonctionnement en régime continu

Le fonctionnement du hacheur en régime continu est donné par la figure 2.7.

- Pour $0 < t < \alpha_s T$, le transistor MOSFET S est saturé et l'intensité $I_L(t)$ croît linéairement :

$$V_{pv} = L\frac{dI_L(t)}{dt} \text{ donc } I_L(t) = \frac{1}{L}\int V_{pv}\, dt = \frac{V_{pv}}{L}t + I_L(0) \qquad (2.30)$$

Alors : $I_S = 0$; $I_D = 0$; $V_L = V_{pv}$

- Pour $\alpha_s T < t < T$, le transistor MOSFET S est bloqué, l'inductance L se démagnétise et le courant $I_L(t)$ décroît :

$$V_{pv} = L\frac{dI_L(t)}{dt} + V_{C,moy} \text{ donc } I_L(t) = \frac{V_{pv} - V_{C,moy}}{L}(t - \alpha_s T) + I_L(\alpha_s T) \qquad (2.31)$$

Avec : $I_L(\alpha_s T) = \frac{V_{pv}}{L}\alpha_s T + I_L(0)$ et $V_{pv} < V_{C,moy}$

Alors : $V_S = V_{C,moy}$; $I_D = I_L$; $V_L = V_{pv} - V_{C,moy}$

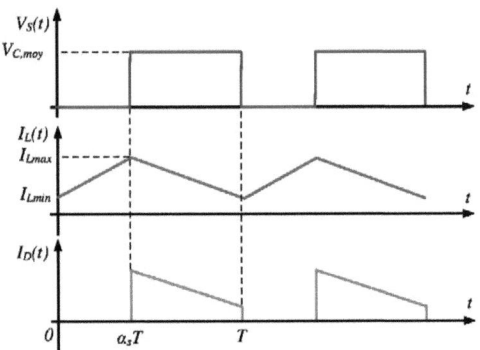

Figure 2.7 : Diagramme de fonctionnement en régime continu.

La tension aux bornes du panneau photovoltaïque est la somme des tensions aux bornes de l'inductance du transistor MOSFET.

$$V_{pv} = V_L + V_S \qquad (2.32)$$

Compte tenu que sur une période T la moyenne de la tension aux bornes de l'inductance est nulle, on déduit :

$$V_{pv} = V_{S,moy} + (1-\alpha_s)\frac{T}{T}V_{C,moy} = (1-\alpha_s)\frac{T}{T}V_{C,moy} \qquad (2.33)$$

Donc : $\dfrac{V_{C,moy}}{V_{pv}} = \dfrac{1}{(1-\alpha_s)}$ \qquad (2.34)

c) Fonctionnement en régime discontinu

Ce type de fonctionnement intervient lorsque $V_{C,moy}$ devient tel que le courant $I_L(t)$ s'annule durant la phase où le transistor MOSFET S est bloqué. Ce type de fonctionnement étant peu utilisé, il n'est pas souhaitable pour la charge en raison du manque du courant. Le régime critique représente le fonctionnement entre le régime continu et le régime discontinu. Les formes de courant $I_L(t)$ et de la tension $V_L(t)$ sont représentées par la figure 2.8.

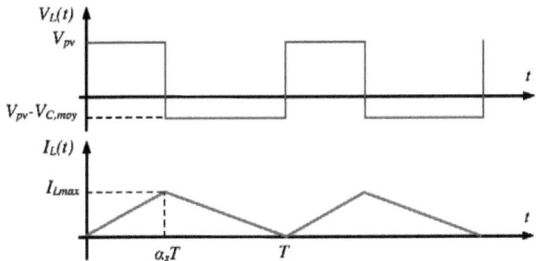

Figure 2.8 : Fonctionnement d'un hacheur boost en régime critique.

Puisque $I_L(0) = 0$; la valeur moyenne du courant $I_L(t)$ s'écrit :

$$I_{L,moy} = \frac{I_{L,\max}}{2} = \frac{1}{2}\frac{V_{pv}}{L}\alpha_s T \; ; \qquad (2.35)$$

Donc, la valeur moyenne du courant disponible en sortie $I_{D,moy}$ s'écrit :

$$I_{D,moy} = (1-\alpha_s)I_{L,moy} = \frac{1}{2}\frac{V_{pv}}{L}\alpha_s T(1-\alpha_s) = \frac{1}{2}\frac{V_{C,moy}}{L}\alpha_s T(1-\alpha_s)^2 \qquad (2.36)$$

En considérant un circuit sans pertes, la puissance moyenne délivrée par le système photovoltaïque est égale à la puissance moyenne disponible en sortie :

$$P_{pv} = V_{pv} \cdot I_{L,moy} = U_{C,moy} \cdot I_{D,moy} = U_{RL,moy} \cdot I_{RL,moy} \qquad (2.37)$$

Avec : $I_{L,moy}$, $I_{D,moy}$ et $I_{RL,moy}$ représentent respectivement les courants moyens de $I_L(t)$, $I_D(t)$ et $I_{RL}(t)$.

2.2.5. Méthodes de recherche du point de maximum de puissance

Plusieurs algorithmes permettant la recherche du point de maximum de puissance sont présentés et validés dans la littérature. Ces méthodes sont classées en deux grandes familles : les méthodes conventionnelles et les méthodes numériques basées sur la logique floue, les réseaux de neurones, les algorithmes évolutifs, etc. Parmi ces méthodes, nous présentons celles de la perturbation et de l'observation (P&O), de l'inductance incrémentale (IncCond) et de la logique floue [38].

i) Méthode de perturbation et observation (P&O)

C'est l'algorithme le plus utilisé pour la recherche de l'MPPT (*Maximum Power Point Tracking*), en raison de sa facilité d'exécution sous sa forme de base [39]. Cette méthode a la particularité d'avoir une structure de régulation simple avec peu de paramètres de mesure. Il opère en perturbant périodiquement la tension du panneau, et en comparant la puissance précédemment délivrée avec la nouvelle après perturbation. Si la perturbation implique une augmentation de la puissance et sa courbe se trouve dans la phase ascendante, alors la tension de sortie devra donc être augmentée (et inversement). Le principe de cette méthode est donné par la figure 2.9.

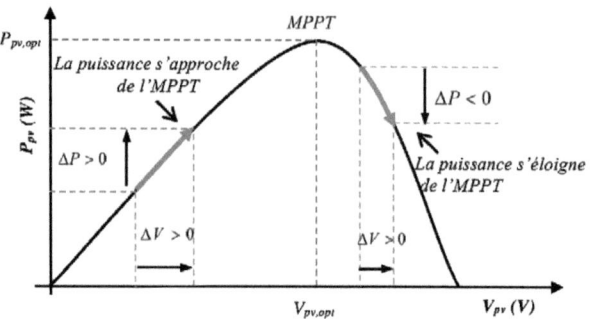

Figure 2.9 : Positionnement de l'MPPT suivant le signe de dP_{pv}/dV_{pv}.

Ainsi, l'algorithme de la P&O, représenté par la figure 2.10, cherche en permanence le point de maximum de puissance. Le système adapte en permanence la tension aux bornes du panneau photovoltaïque afin de se rapprocher de l'MPPT, sans jamais l'atteindre précisément [39].

ii) Méthode de la conductance incrémentale (IncCond)

Cette méthode utilise l'ondulation du courant en sortie du hacheur pour maximiser la puissance du panneau en extrapolant dynamiquement la caractéristique du panneau. En effet une variation de 1% en amont provoque une variation d'environ 10% de l'intensité (*pentes des caractéristiques*). L'algorithme de la conductance incrémentale est donné par la figure 2.11 [40].

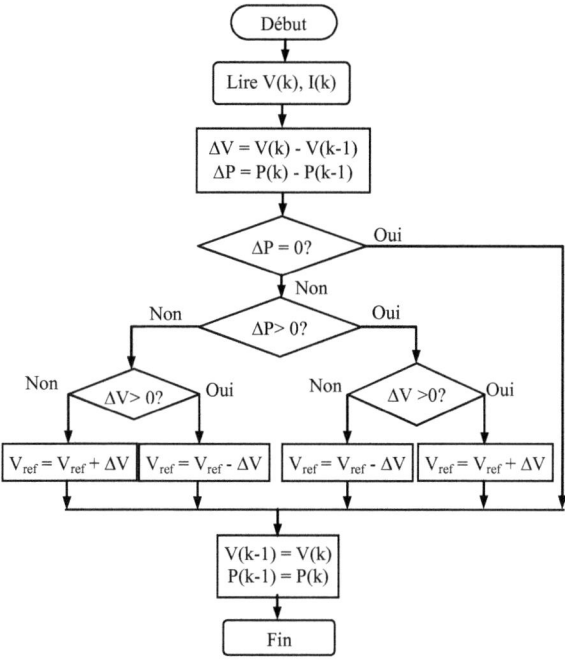

Figure 2.10 : Algorithme de la méthode de perturbation et observation.

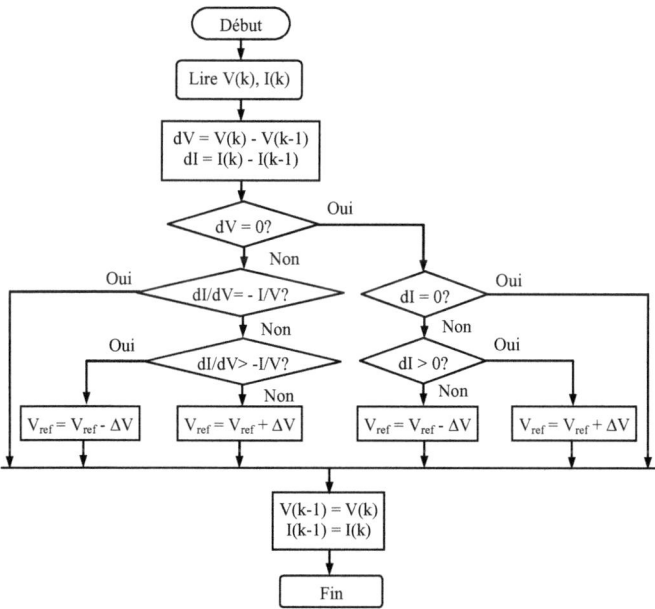

Figure 2.11 : Algorithme de la méthode de la conductance incrémentale.

La puissance fournie par le PPV est donnée par le produit de la tension à ses bornes par l'intensité du courant délivrée ($P = V \times I$), ce qui permet d'écrire [41] :

$$\frac{1}{V} \times \frac{dP}{dV} = \frac{I}{V} + \frac{dI}{dV}, \quad V > 0 \tag{2.38}$$

La conductance G_{con} s'exprime par :

$$G_{con} = I/V \tag{2.39}$$

Alors, la variation de la conductance sera :

$$\Delta G_{con} = -dI/dV \tag{2.40}$$

$$\begin{cases} dP/dV > 0 & \text{si} \quad G_{con} > \Delta G_{con} \\ dP/dV = 0 & \text{si} \quad G_{con} = \Delta G_{con} \\ dP/dV < 0 & \text{si} \quad G_{con} < \Delta G_{con} \end{cases} \tag{2.41}$$

Ainsi, Le comportement instantané du panneau, (*tension, intensité, puissance*) peut être résumé en trois cas : loin, près ou au-delà du maximum de puissance. Les performances du panneau PV sont donc prévues et enregistrées à chaque instant dans un fichier, qui analyse le produit des dérivées de la puissance P et de la tension V. Si ce produit est négatif le courant est en dessous du maximum de puissance et vice-versa. Ainsi, en régulant la tension de manière à avoir le produit de *dP/dt* par *dV/dt* est nul, alors on aura *dP/dV = 0* et la puissance sera maximale [42]. Cette méthode est plus efficace que la méthode de P&O. Elle est indépendante des caractéristiques des différents composants utilisés. Les tensions et les courants du panneau PV sont monitorés, de telle manière que le contrôleur peut calculer la conductance $G_{con} = I/V$ et la conductance incrémentale afin de décider de son comportement pour l'incrémentation de *dG$_{con}$*.

iii) MPPT à base de la logique floue

Le principe de cette commande se base sur deux variables d'entrées qui représentent successivement l'erreur *E* et le changement d'erreur *ΔE* ainsi que la variable du rapport cyclique *ΔD* comme sortie. La valeur de la variable de sortie, qui pilote le convertisseur statique pour la poursuite de l'MPPT, est définie au moyen d'une table de l'évolution des paramètres d'entrée. Le contrôleur flou comporte les trois blocs Suivants: Fuzzification des variables d'entrées par l'utilisation des fonctions trapèze et triangulaire, ensuite l'inférence où ces variables fuzzifiées sont comparées avec des ensembles prédéfinis pour déterminer la réponse appropriée. La structure de base de la commande floue est donnée par la figure 2.12 [43]:

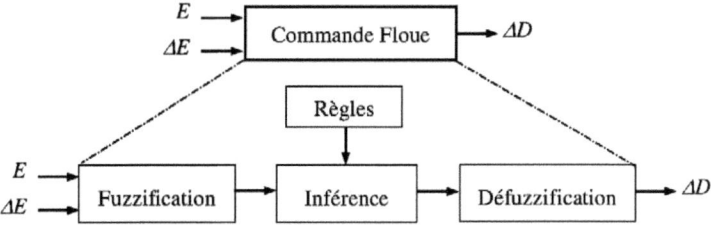

Figure 2.12 : Structure de base de la commande floue.

Durant la fuzzification, les variables d'entrées numériques sont converties en variables linguistiques pouvant prendre les cinq valeurs suivantes : NG pour Négative et Grande, NM pour Négative et Moyenne, NP pour Négative et Petite, ZE pour Zéro, PP pour Positive et Petite, PM pour Positive et Moyenne, PG pour Positive et Grande. Les structures des fonctions d'appartenance des variables E, ΔE et ΔD sont illustrées par les figures 2.13 et 2.14 [35].

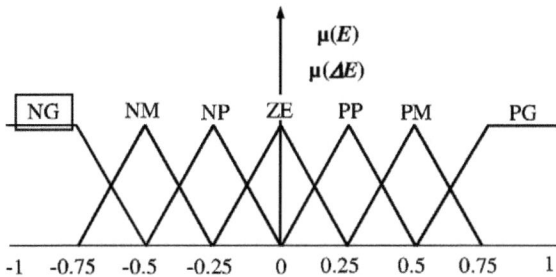

Figure 2.13 : Fonctions d'appartenance des variables E et ΔE.

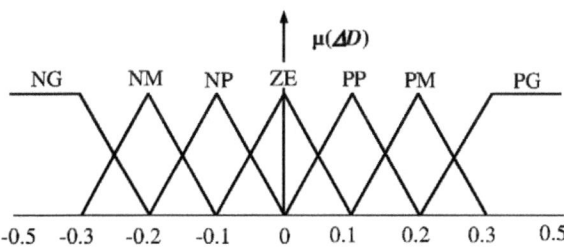

Figure 2.14 : Fonctions d'appartenance de la variable ΔD.

Les paramètres d'entrées E et ΔE sont liées aux équations suivantes :

$$E(k) = \frac{P(k) - P(k-1)}{V(k) - V(k-1)} \tag{2.42}$$

$$\Delta E(k) = E(k) - E(k-1) \qquad (2.43)$$

En fonction de leurs évolutions et d'une table de vérité comme indiquée dans le tableau 2.1, une valeur est attribuée au paramètre de sortie ΔD.

		\multicolumn{7}{c}{Erreur (E)}	
		NG	NM	NP	ZE	PP	PM	PG
Changement de l'erreur (ΔE)	NG	NG	NG	NG	NG	NM	NP	ZE
	NM	NG	NG	NG	NM	NP	ZE	PP
	NP	NG	NG	NM	NP	ZE	PP	PM
	ZE	NG	NM	NP	ZE	PP	PM	PG
	PP	NM	NP	ZE	PP	PM	PG	PG
	PM	NP	ZE	PP	PM	PG	PG	PG
	PG	ZE	PP	PM	PG	PG	PG	PG

ΔD

Tableau 2.0 : Règles floues relatives au contrôleur MPPT.

La variable linguistique assignée à ΔD, dépend des différentes combinaisons entre E et ΔE. Par exemple, si les variables d'entrée (E et ΔE), ont comme valeur PB et ZE correspondant à un point de fonctionnement très éloigné du MPPT, d'après la table des règles floues, la valeur donnée à la variable de sortie ΔD est PB, ce qui implique une forte variation positive du rapport cyclique pour atteindre l'MPPT. Par conséquent, les variations du rapport cyclique dépendent de la différence de position entre le point de fonctionnement et d'un MPPT. Ainsi, dès que ce dernier s'approche du MPPT, les incréments appliqués à ΔD s'affinent jusqu'à atteindre l'MPPT. La défuzzification, consiste à convertir cette fois, une variable linguistique en variable numérique. Cette étape ne s'applique qu'à la variable de sortie ΔD, afin de pouvoir piloter le convertisseur de puissance pour atteindre l'MPPT.

2.2.6. Rendement d'un panneau photovoltaïque

La puissance produite par un panneau photovoltaïque est inférieure à celle indiquée dans les conditions standards de test (STC : 1000W/m², 25°C, AM1.5). Aux STC, le rendement fourni sur le document du constructeur du PPV est calculé par la relation suivante :

$$\eta_{pv,STC} = \frac{P_{pv,\max}}{S_{pv} \cdot G_{STC}} = \frac{V_{opt} \cdot I_{opt}}{G_{STC}} \qquad (2.44)$$

où, $P_{pv,\max}$: Puissance électrique de crête fournie par le PPV dans les STC,

S_{pv} : Surface du panneau PV,

G_{STC} : Ensoleillement dans les STC.

En réalité, le rendement $\eta_{pv,STC}$ du panneau est égal à celui d'une cellule $\eta_{cellule}$ diminué des pertes dues aux connexions des cellules $\eta_{connexion}$ entre elles, à la transparence des matériaux d'encapsulation $\eta_{encapsulation}$ et éventuellement à la chute de tension causée par la diode anti-retour de protection du panneau des décharges nocturnes de la batterie η_{diode}. Le rendement et le transfert de puissance sont aussi fortement altérés par les conditions météorologiques (*ensoleillement, température, vitesse du vent*) et la nature de la charge branchée à la sortie du générateur PV. Ce rendement est donné par :

$$\eta_{pv,STC} = \eta_{cellule} \cdot \eta_{connexion} \cdot \eta_{encapsulation} \cdot \eta_{diode} \quad (2.45)$$

2.2.7. Résultats de simulation

En se basant sur les équations mathématiques (*eq.2.19 à eq.2.45*) modélisant les paramètres météorologiques et le comportement des panneaux photovoltaïques et leurs conditionnements, Nous avons conçu et développé, sous Matlab/Simulink, un simulateur universel bilingue (*Français/Anglais*) des systèmes photovoltaïques (PVSIM2) [45]. Ce simulateur permet aux utilisateurs de tracer les principales caractéristiques $I_{pv}(V_{pv})$ et $P_{pv}(V_{pv})$ pour différents types de panneaux photovoltaïques (Fig.2.16). Grâce à ses menus interactifs, l'utilisateur peut fixer la valeur de l'ensoleillement G tout en maintenant constante celle de la température T_c de cellule et inversement, et ce en ajustant les deux glissières correspondants. Exploitant les performances de l'outil GUI de Matlab, le simulateur dispose de deux fenêtres graphiques d'affichage des diverses courbes de simulation telles que les estimations de l'ensoleillement, de la température de cellule, des puissances produites par le générateur photovoltaïque et les caractéristiques $I_{pv}(V_{pv})$ et $P_{pv}(V_{pv})$.

Les deux fenêtres d'affichage sont programmées pour une variation d'échelle automatique selon le nombre de modules connectés en série et en parallèle. La figure 2.15 présente l'estimation de G, de T_a et de P_{pv} en fonction du temps et des paramètres du site pour une journée choisie.

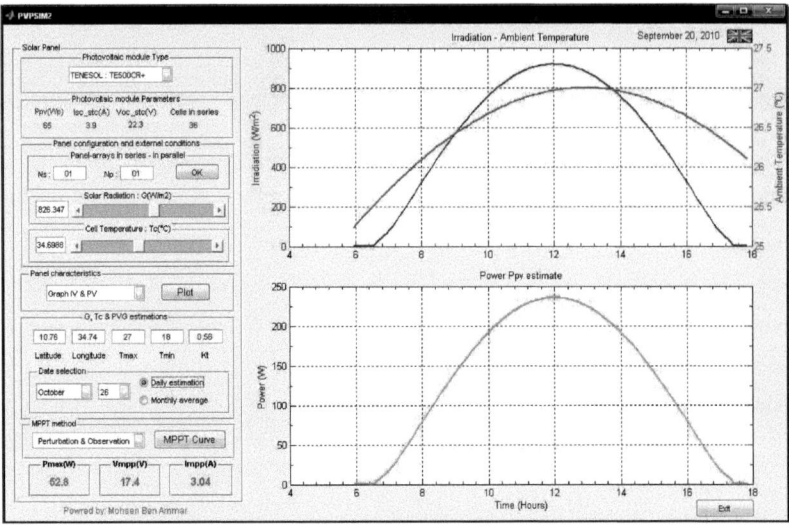

Figure 2.15 : Courbes d'estimation de G, de T_a et de P_{pv}.

L'interface intègre en plus, une base de données des caractéristiques fournies par les constructeurs des divers types de panneaux PV (TENESOL-TE500CR+, Siemens-SM50H, Siemens-SM55, etc.). Un menu déroulant est programmé de façon à faciliter à l'utilisateur de sélectionner le PV ou bien de saisir les paramètres correspondants à un nouveau panneau en sélectionnant la rubrique '*Other panel*'. Ces options offrent une grande flexibilité pour la simulation des divers types de panneaux photovoltaïques.

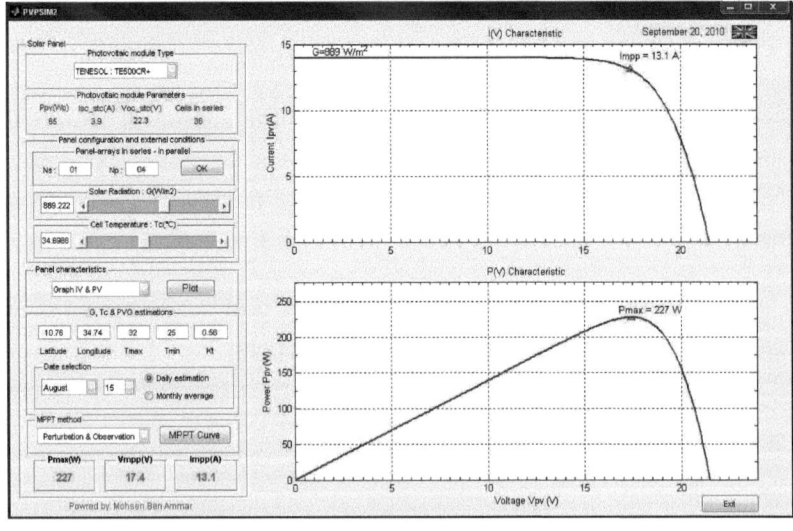

Figure 2.16 : Simulation des caractéristiques *I(V)* et *P(V)*.

En outre, le simulateur permet de tracer des réseaux de caractéristiques $I_{pv}(V_{pv})$ et $P_{pv}(V_{pv})$ pour différents ensoleillements et pour différentes températures (fig.2.17 et fig.2.18).

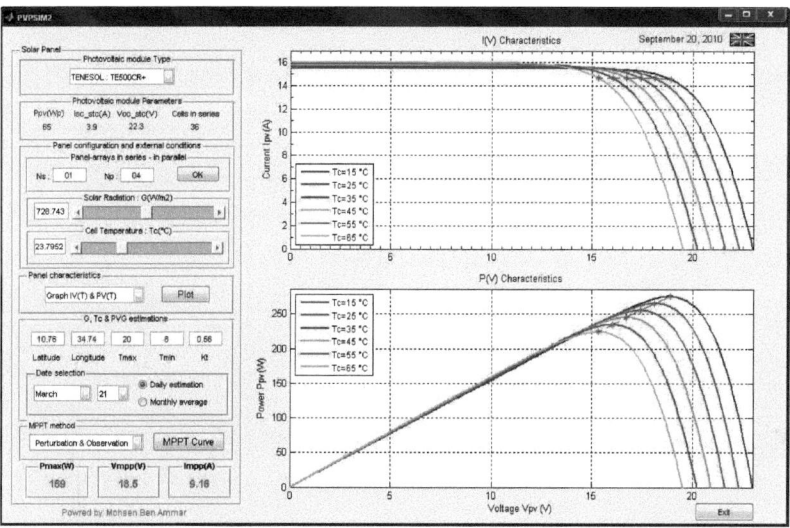

Figure 2.17 : Caractéristiques $I_{pv}(V_{pv})$ et $P_{pv}(V_{pv})$ en fonction de l'ensoleillement.

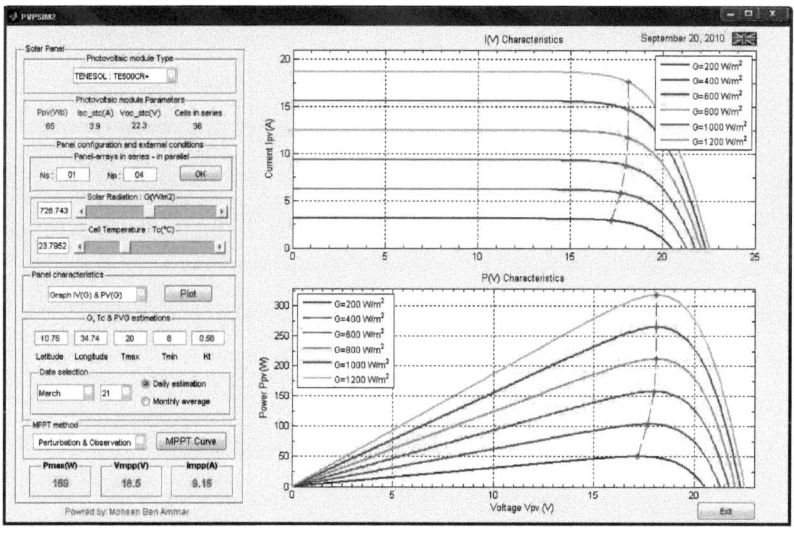

Figure 2.18 : Caractéristiques $I_{pv}(V_{pv})$ et $P_{pv}(V_{pv})$ en fonction de la température.

Les simulations de la recherche des points de maximum de puissance MPPT basées sur les méthodes Perturbation et Observation (*P&O*), de la conductance incrémentale (*IncCond*) et logique floue sont représentées par les figures ci-dessous (fig.2.19 et fig.2.20).

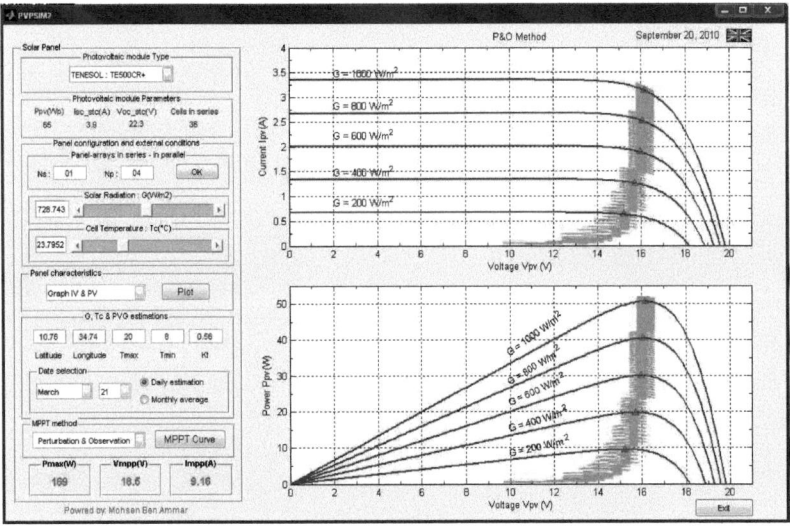

Figure 2.19 : Poursuite de l'MPPT par la méthode P&O.

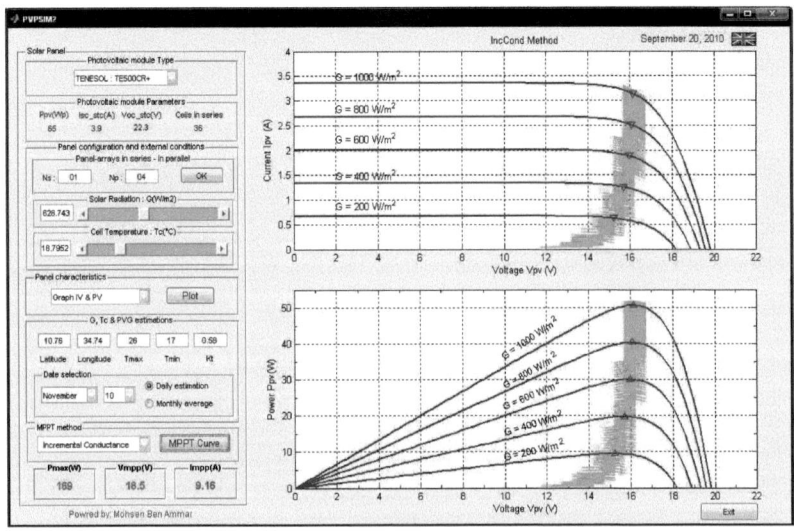

Figure 2.20 : Poursuite de l'MPPT par la méthode IncCond.

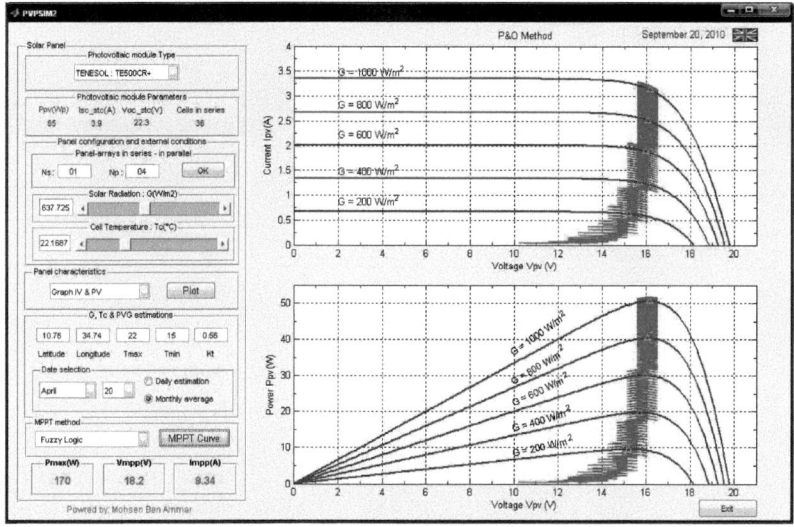

Figure 2.21 : Poursuite de l'MPPT par la logique floue.

Le simulateur permet de tracer les histogrammes du bilan énergétique annuel en fonction du gisement solaire. La figure 2.22 présente un bilan énergétique de la ville de Sfax (*Latitude 34°44'24" Nord, Longitude: 10°45' 36" Est*). Le simulateur ainsi conçu et développé est validé sur le système PV installé à l'ENIS, 'Ecole Nationale d'Ingénieurs de Sfax (Fig.2.23).

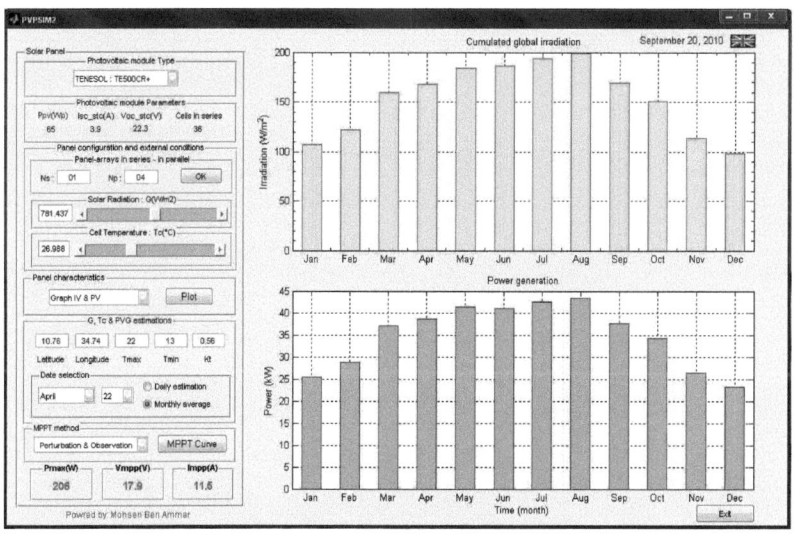

Figure 2.22 : Bilan énergétique annuel.

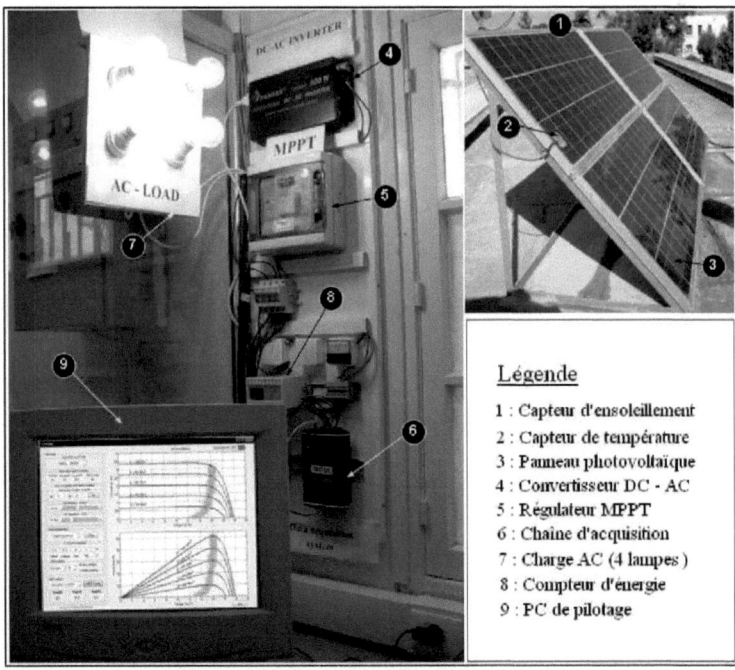

Figure 2.23 : Installation PV : CMERP-ENIS.

2.3. Générateur éolien

Dans notre étude, nous considérons un aérogénérateur tripale associé à une turbine entraînant une génératrice asynchrone à cage à travers un arbre et un multiplicateur de vitesse. La figure 2.24 présente les différents éléments constitutifs d'une éolienne.

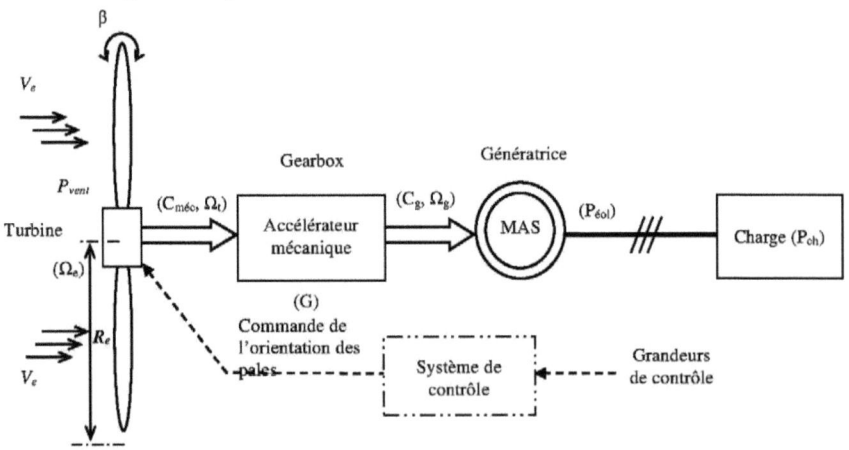

Figure 2.24 : Eléments constitutifs d'une éolienne.

2.3.1. Modélisation du générateur éolien

La puissance issue de l'énergie cinétique du vent disponible P_{vent}, est donnée par la relation 2.47 [42]:

$$P_{vent} = \frac{1}{2} \cdot \rho_e \cdot S_e \cdot V_e^3 \qquad (2.46)$$

Le facteur ρ_e désigne la masse volumique de l'air, S_e est la surface de l'hélice de la turbine éolienne et V_e est la vitesse du vent en m/s.

Le rapport de la vitesse linéaire λ_e en fonction du rayon R_e de l'hélice et de la vitesse mécanique angulaire Ω_e de la turbine éolienne, au bout des lames, sur la vitesse de vent est exprimé par la relation suivante [42]:

$$\lambda_e = \frac{\Omega_e R_e}{V_e} \qquad (2.47)$$

Le coefficient de puissance C_p est appliqué afin de transcrire le rendement de l'hélice pour le point d'étude considéré dépendant de la vitesse de rotation et de l'angle de calage des pales.

$$C_p(\lambda_e, \beta) = 0.5176 \left(\frac{116}{\lambda_i} - 0.4\beta - 5 \right) e^{\frac{-21}{\lambda_i}} + 0.0068 \lambda_e$$
$$\frac{1}{\lambda_i} = \frac{1}{\lambda_e + 0.08\beta} - \frac{0.035}{\beta^3 + 1} \qquad (2.48)$$

Compte tenu des caractéristiques de la turbine éolienne, la puissance mécanique à la sortie est formulée par :

$$P_{méc} = \frac{1}{2} C_p(\lambda_e) \rho_e S_e V_e^3 \qquad (2.49)$$

Le couple mécanique a pour expression :

$$C_{méc} = \frac{P_{méc}}{\Omega_e} = \frac{1}{2} \frac{C_p(\lambda_e)}{\lambda_e} \rho_e R_e S_e V_e^2 \qquad (2.50)$$

i) Modèle du multiplicateur

Le multiplicateur est caractérisé par son gain G_e. Il adapte la vitesse de rotation de la turbine Ω_t à la vitesse de la génératrice Ω_g :

$$\Omega_g = G_e \cdot \Omega_t \qquad (2.51)$$

ii) Modèle de l'arbre

L'équation fondamentale de la dynamique appliquée à l'arbre de la génératrice détermine l'évolution de la vitesse mécanique Ω_m à partir du couple mécanique total C_m :

$$j \frac{d\Omega_m}{dt} = C_m \qquad (2.52)$$

L'inertie totale J qui apparaît sur le rotor de la génératrice est fonction de l'inertie de la génératrice J_g et de l'inertie de la turbine J_t reportée sur le rotor de la génératrice. Elle est donnée par:

$$J = (\frac{J_t}{G_e^2}) + J_g \qquad (2.53)$$

Le couple mécanique total dépend du couple issu du multiplicateur C_g, du couple électromagnétique produit par la génératrice C_{em} et du couple du frottement visqueux C_f caractérisé par son coefficient de frottement Ω_m visqueux f ($C_f = f \cdot \Omega_m$).

$$j \frac{d\Omega_m}{dt} = C_m = C_g - C_{em} - f \cdot \Omega_m \qquad (2.54)$$

La puissance mécanique qui apparait sur l'arbre de la génératrice (P_m) est exprimée comme étant le produit du couple mécanique (C_m) et de la vitesse mécanique

$$P_m = \Omega_m \cdot C_m \qquad (2.55)$$

iii) Bilan des puissances

La puissance aérodynamique peut être essentiellement maximisée en ajustant le coefficient de puissance C_p. Ce coefficient dépend de la vitesse de rotation et de la forme de la turbine ainsi que de la vitesse du vent. En régime permanent, la puissance aérodynamique $P_{aéro}$ diminuée des pertes (représentées essentiellement par les frottements visqueux) est convertie directement en puissance électrique.

$$P_{éol} = P_{aéro} - P_{Pertes} = P_{méc} \cdot \eta_{éol} \qquad (2.56)$$

Où : $\eta_{éol}$ est le rendement de l'éolienne

2.3.2. Simulation du modèle

Nous considérons un aérogénérateur de 500W muni d'un multiplicateur de gain égal à deux. Lors de la simulation, le modèle établi de cette éolienne est excité par des points de mesure de la vitesse de vent réparti sur la journée du 4 février 2010 à la région de Sfax.

Les courbes de simulation du coefficient de puissance C_p en fonction du rapport de vitesse λ_e lorsque β varie de 0° à 20° sont données par la figure 2.25.

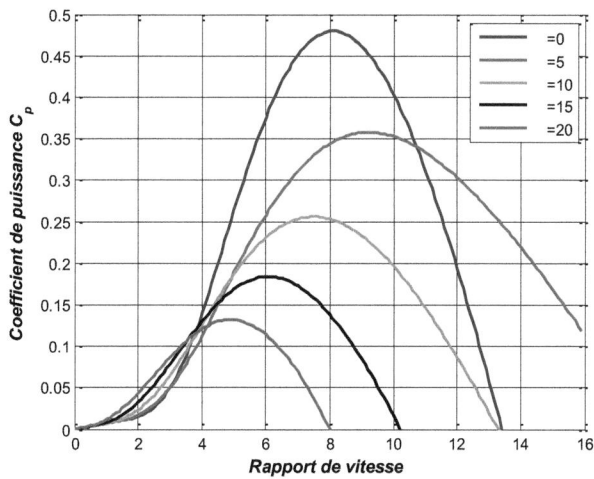

Figure 2.25 : Coefficient de puissance C_p en fonction du rapport de vitesse β

Les variations du coefficient de puissance sont spécifiques pour chaque turbine éolienne et dépendent de ses caractéristiques intrinsèques. Le coefficient de puissance ne doit pas dépasser *0.59* qui représente une limite physique appelée limite de Betz. La simulation de la puissance mécanique fournie à la sortie de la turbine éolienne $P_{méc}$ en fonction de la vitesse mécanique angulaire pour différentes valeurs de la vitesse du vent $(V_e : 6m/s \rightarrow 12m/s)$ et un angle de calage fixe $(\beta = 0)$ est représentée par la figure 2.26.

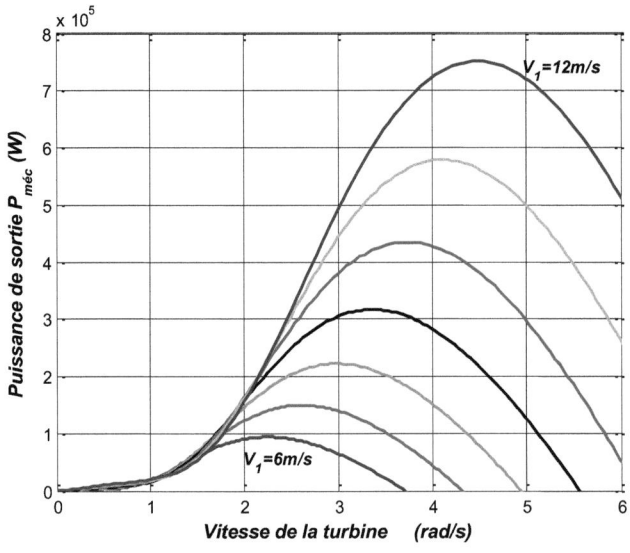

Figure 2.26 : Puissance de sortie de la turbine éolienne en fonction de la vitesse mécanique

Lors de la simulation nous considérons que la machine asynchrone est équivalente à un rendement de 0.96. A partir d'un vecteur de mesures relevées sur la journée du 4 février 2010, nous avons construit une distribution de la vitesse de vent sur 24 heures. Cette distribution est basée sur un lissage spline. La répartition de la vitesse de vent pour cette journée est donnée par la figure 2.27.

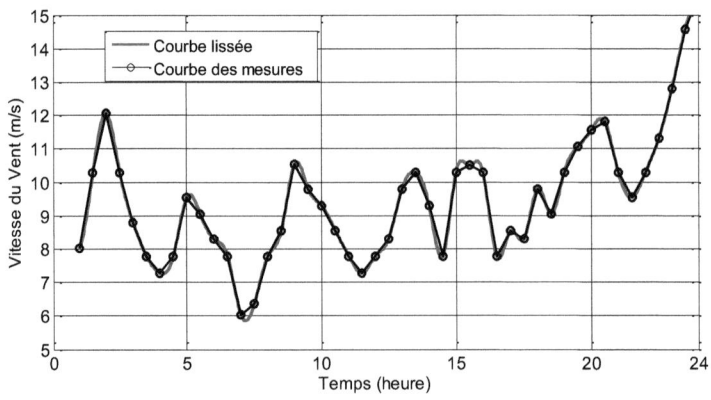

Figure 2.27 : Courbe de la répartition de la vitesse du vent.

La puissance correspondante, délivrée par le générateur éolien est présentée par la figure 2.28.

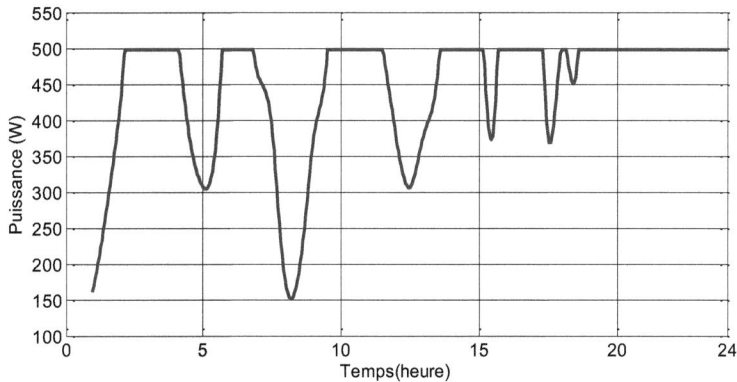

Figure 2.28 : Courbe de la puissance produite par le générateur éolien.

L'aérogénérateur est équipé d'un système de protection assurant un fonctionnement correct pour des vitesses du vent comprises entre des vitesses limites [43]. La courbe de la puissance générée par le générateur éolien en fonction de la vitesse du vent est donnée par la figure 2.29.

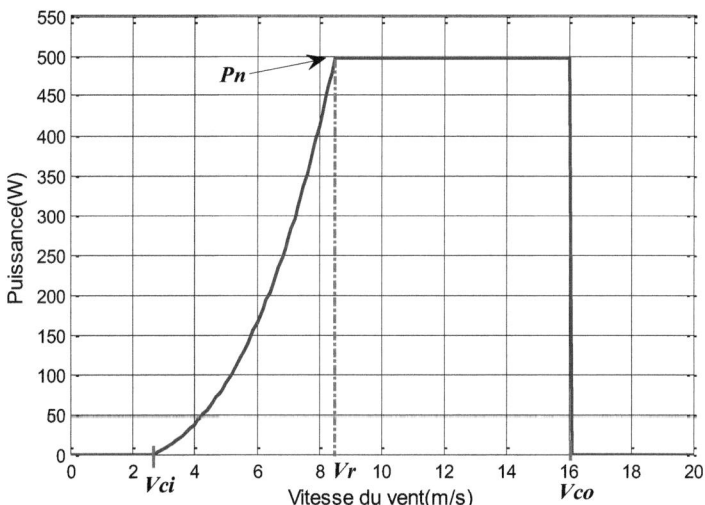

Figure 2.29 : Courbe de la puissance en fonction de la vitesse du vent.

2.4. Sources complémentaires

2.4.1. Modèle de la batterie d'accumulateur

L'énergie électrique produite par les générateurs à énergie renouvelable ne peut couvrir les besoins de la charge que lorsque les sources naturelles sont disponibles. Pour cette raison, l'utilisation de batteries d'accumulateurs s'avère indispensable pour stocker l'excédant de production et pour compléter les besoins de la charge en cas d'insuffisance d'énergie. Une batterie d'accumulateurs est un générateur électrique qui utilise les propriétés électrochimiques d'un couple oxydant-réducteur. Une batterie est une association de plusieurs cellules formées d'électrodes positives et négatives jointes par un électrolyte. Ces cellules convertissent l'énergie chimique en énergie électrique. Les accumulateurs se distinguent des piles classiques par leur aptitude à la recharge. La batterie la plus répondue est celle dite Plomb-acide, disponible en deux catégories : les accumulateurs plomb-calcium et les accumulateurs plomb-antimoine [44].

La performance d'une batterie au Plomb-acide est exprimée essentiellement par la tension entre ses bornes, la capacité C_{Pb} et la profondeur en décharge maximale (DOD : *Depth Of Discharge*) Le schéma électrique équivalent d'une cellule d'une batterie plomb-acide est donné par la figure 2.30.

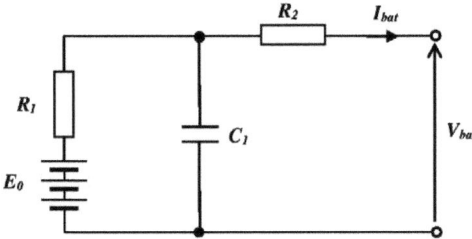

Figure 2.30 : Schéma électrique équivalent d'une cellule de la batterie plomb-acide.

Le courant de la cellule I_{bat} est compté positivement en décharge et négativement au cours de la charge, V_{bat} est la tension de sortie et Z, formée par le triplet R_1, R_2 et C_1, constitue l'impédance interne équivalente d'une cellule. La tension de la batterie en circuit ouvert E_0 (Eq.2.58) est proportionnelle à la profondeur en décharge DOD (nulle quand la batterie est complètement chargée et maximale ($DOD=1$) quand la batterie est vide)

$$E_0 = \tilde{n} \cdot (2.15 - DOD\,(2.15 - 2)) \qquad (2.57)$$

La charge totale tirée de la batterie à l'instant ($\tilde{n}$) en fonction de sa valeur à l'instant ($\tilde{n}-1$) est donnée par l'équation suivante [45] :

$$C_{Z,\tilde{n}} = C_{Z,\tilde{n}-1} + \frac{\delta t}{3600} \cdot I_{bat_{\tilde{n}}}^{k_P} \qquad (2.58)$$

où C_Z est la capacité tirée de la batterie à chaque pas de temps auquel la valeur du courant I_{bat} est relevée ; k_P est le coefficient de Peukert ($k_P = 1.12$).

En conséquence, la profondeur en décharge DOD est donnée par :

$$DOD_{\tilde{n}} = \frac{C_{R,\tilde{n}}}{C_{Pb}} \qquad (2.59)$$

où C_{Pb} est la capacité de Peukert en fonction du temps de décharge $T_{déch}$ à courant constant exprimée par :

$$C_{Pb} = I_{bat}^{k_P} \cdot T_{déch} \qquad (2.60)$$

En nous référant à la figure 2.30, la tension à la sortie d'une batterie s'écrit :

$$V_{bat} = E_0 - RI_{bat} \qquad (2.61)$$

L'équation quadratique de la puissance de la batterie est la suivante :

$$P_{bat} = V_{bat} I_{bat} = (E_0 - RI_{bat}) \cdot I_{bat} \qquad (2.62)$$

La valeur algébrique du courant de la batterie peut être calculée par :

$$I_{bat} = \frac{E_0 - \sqrt{E_0^2 - 4RP_{bat}}}{2R} \qquad (2.63)$$

2.4.2. Simulation de l'état de décharge

Nous avons simulé le comportement de la batterie dans l'installation en la faisant débiter sur une charge de puissance variable entre 0 et 1000W. La puissance de charge de la batterie est assurée par le réseau hybride multisources à énergie renouvelable. La figure 2.31 présente les variations temporelles de la puissance mise en jeu, le courant et la profondeur de décharge (DOD) de la batterie durant six heures de fonctionnement.

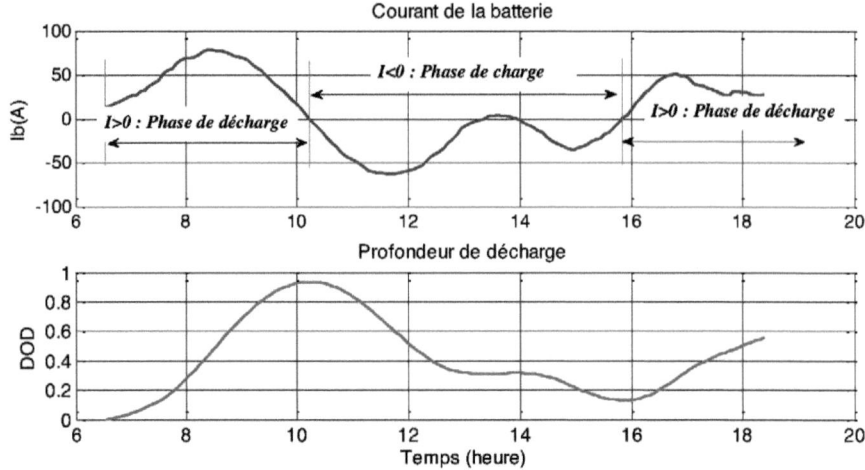

Figure 2.31 : Courbe de variations du courant et du DOD de la batterie.

2.4.3. Modèle électrique du groupe électrogène

Le groupe électrogène (*GE*) fait parti des générateurs programmables dont la source primaire d'énergie est disponible tout le temps et à volonté (*fuel, gaz naturel, hydrogène*). Il délivre une puissance de sortie contrôlable à tout instant. La modélisation communément appliquée à l'étude des systèmes hybrides autonomes considère le groupe électrogène comme un système linéaire. Cette méthode modélise séparément chaque élément du GE. Le moteur diesel est représenté par plusieurs modèles, parmi lesquels nous citons le modèle de Roy, qui représente le moteur par un gain et un retard. Le schéma synoptique du groupe électrogène diesel est représenté par la figure 2.32 [46-49].

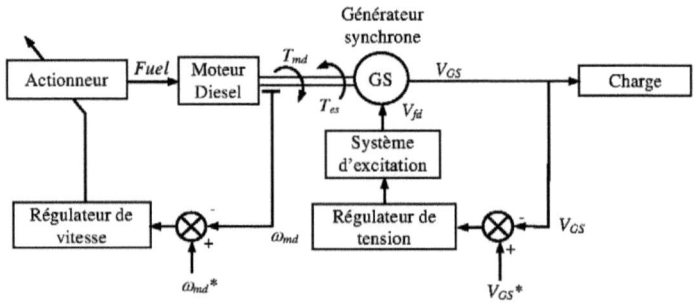

Figure 2.32: Schéma synoptique d'un groupe électrogène.

Dans la littérature, le GE est généralement modélisé sous forme d'un système de premier ordre à retard (fig.2.33) de fonction de transfert [50-52] :

$$H_{GE}(p) = \frac{K_{ge} \cdot e^{-\tau_f}}{1 + p \cdot \tau_{ge}} \qquad (2.64)$$

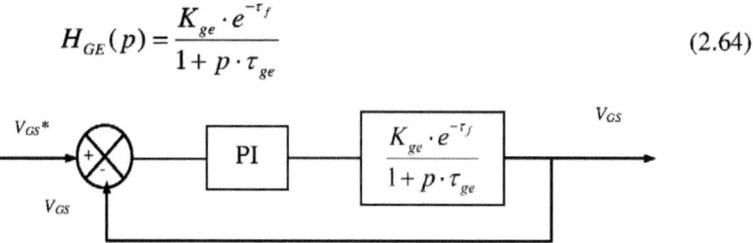

Figure 2.33: Schéma fonctionnel du groupe électrogène.

Un correcteur de type proportionnel intégral (PI) est associé à cette fonction en vue de réguler la tension de sortie de groupe électrogène à la valeur de celle du réseau RHAER. Dans notre étude nous avons utilisé un GE de caractéristiques 230V-50Hz, 1kW. L'identification de ses paramètres (fig.2.34) donne les valeurs suivantes :

$K_{ge} = 230$; $\tau_{ge} = 1.667$ et $\tau_f = 0.8$

La figure 2.34 présente le comportement asservi et régulé avec action proportionnelle intégrale du groupe diesel correspondant sa tension de sortie en fonction du temps.

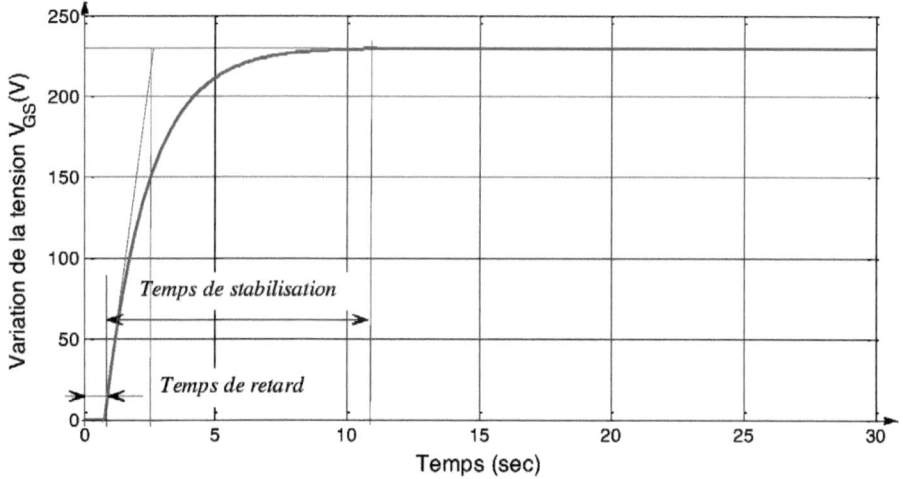

Figure 2.34: Courbe de variation de la tension du GE en fonction du temps.

3

Gestion énergétique d'un réseau hybride à énergies renouvelables

Contenu

3.1. Introduction
3.2. Stratégie de gestion énergétique
3.3. Estimation des puissances du RHER
3.3.1. Estimation de la puissance photovoltaïque générée
3.3.2. Estimation de la puissance éolienne générée
3.3.3. Estimation de la puissance consommée
3.4. Méthodes de gestion énergétique d'un RHER

3.4.1. Introduction aux méthodes d'optimisation
3.4.2. Les méthodes déterministes
3.4.3. Les méthodes stochastiques
3.5. Formulation de la gestion énergétique d'un cas de RHER
3.5.1. Formulation du problème
3.5.2. Définition de la fonction objectif
3.5.3. Paramètres économiques liés aux composantes du système
3.5.4. Définition des contraintes associées

3.1. Introduction

Dans l'objectif d'optimiser l'exploitation de l'énergie électrique produite par un RHER, deux orientations ont été abordées en littérature : Le dimensionnement des sources du réseau en tenant compte des performances énergétiques du site d'implantation, et la gestion efficace de l'énergie électrique produite en fonction du besoin de l'installation. Toutefois, avec l'évolution des outils informatiques, le dimensionnement des RHER est devenu garanti par des logiciels spécifiques (HOMER, SOMES, RAPSIM, Hybrids, RETscreen, ..., etc.). Cependant, la gestion énergétique de RHER demeure un thème de recherche très sollicité. En effet, vu l'intermittence de sources à énergies renouvelables et le besoin aléatoire de l'installation, des stratégies de gestion énergétique s'imposent [53],[54]. Ces outils doivent assurer une exploitation maximale de l'énergie produite par les sources à énergies renouvelables, répondre continuellement aux besoins de l'installation, minimiser le coût de l'énergie complémentaire apportée par les sources auxiliaires en cas d'insuffisance d'énergie provenant des sources à énergies renouvelables et sécuriser les éléments du RHER durant le fonctionnement.

Le présent chapitre propose une stratégie de gestion énergétique d'un RHER. Cette stratégie fait appel à une étape d'estimation des puissances produites par les sources à énergies renouvelables au cours d'une journée.

Dans une deuxième étape, différentes approches de gestion énergétique sont exposées à savoir les algorithmes déterministes et les algorithmes approchés. Dans chaque cas d'étude des méthodes standards sont présentées.

3.2. Stratégie de gestion énergétique

La stratégie de gestion énergétique consiste à optimiser l'exploitation de l'énergie électrique d'un réseau hybride multi-sources formé d'un générateur photovoltaïque, d'un générateur éolien, d'un parc de batteries, d'un groupe électrogène et d'une installation de puissance variable (figure 3.1). La planification et la décision des connexions des composantes du RHER sont essentiellement basées sur les prévisions des paramètres climatiques (*température ambiante, ensoleillement et vitesse du vent*) facteurs principaux d'estimation des puissances produites par les sources à énergies renouvelables, sur les prévisions de la consommation et sur la base des contraintes de gestion.

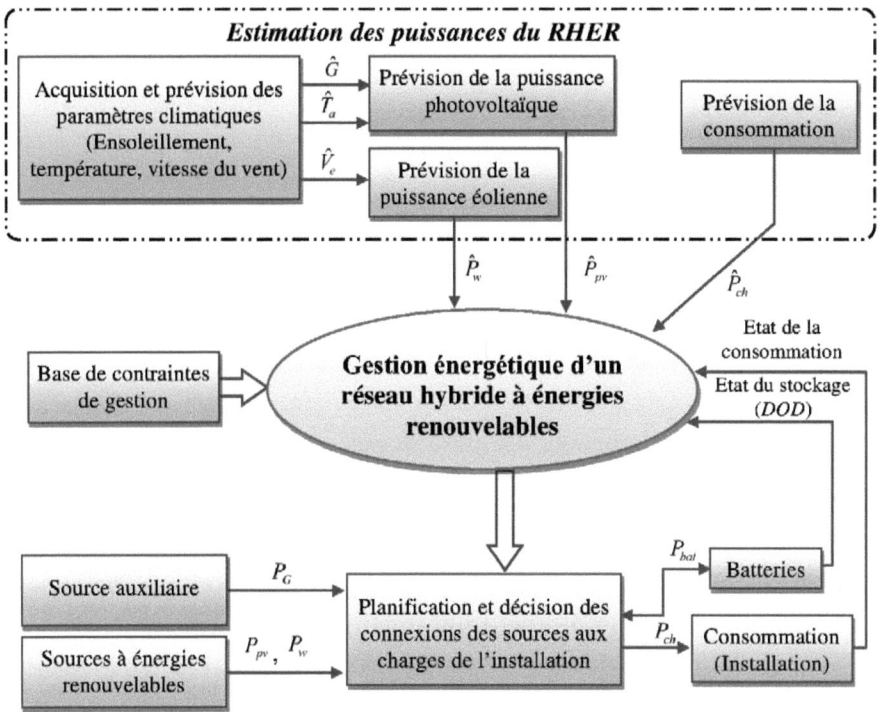

Figure 3.1 : Synoptique de la stratégie de gestion énergétique d'un RHER.

La gestion énergétique du RHER se déroule en trois étapes principales : La première étape consiste à l'acquisition et à la prévision des paramètres climatiques relatifs au site d'installation du RHER. Cette étape conduit à l'estimation des puissances produites par les sources à énergies renouvelables. La seconde étape estime le besoin des charges de l'installation et les réserves de stockage dans les batteries. La troisième étape planifie les puissances disponibles et les durées de connexions des sources aux charges de l'installation.

3.3. Estimation des puissances du RHER

Les systèmes de conversion des énergies photovoltaïque et éolienne sont essentiellement sensibles à l'ensoleillement, à la température ambiante et au vent. Ainsi, l'association de l'estimation de l'évolution de ces paramètres climatiques au cours du temps aux modèles des systèmes de conversion des énergies renouvelables doit fournir une estimation des puissances produites par ces systèmes en fonction du temps. La nature de l'exploitation des énergies estimées est définie alors par l'horizon d'estimation. L'estimation consiste à déterminer, en se basant sur des modèles, le comportement futur de ces paramètres pendant une période de temps. Toutefois, l'aspect non-linéaire et aléatoire de ces paramètres rend difficile l'expression de ce comportement sous forme de modèle simplifié pouvant être intégré dans des applications réelles. C'est ainsi que l'utilisation des méthodes non conventionnelles de modélisation s'avèrent nécessaires [55]. Dans la littérature, diverses méthodes d'estimation des paramètres climatiques ont été développées. Les méthodes généralement utilisées sont empiriques, faisant appel à un grand nombre de paramètres et de calculs complexes. Ces modèles découlent de calculs numériques basés sur les principes physiques des phénomènes climatiques (*modèles de connaissance*) [56]. Cependant, pour des applications réelles, des erreurs d'estimation considérables sont engendrées par ces modèles, vu qu'ils ne tiennent pas compte des perturbations inattendues du climat. Toutefois, ces méthodes n'exigent pas de mesures relevées sur site ce qui les rend adéquates lorsque les sites d'étude ne sont pas équipés de stations de mesure.

3.3.1. Estimation de la puissance photovoltaïque générée

La puissance produite par le générateur photovoltaïque est estimée par la méthode symbolique (logique floue et diagrammes de décision), ou bien par d'autres méthodes intelligentes utilisant les réseaux de neurones ou les algorithmes génétiques [57],[58]. Dans notre cas, les deux méthodes sont combinées de manière à estimer la production de la puissance photovoltaïque $\hat{P}_{pv}$. L'approche consiste à adopter le modèle de Takagi-Sugeno qui utilise des entrées et des règles floues de manière à construire un outil puissant pour la modélisation des problèmes complexes non-linéaire lorsqu'il est combiné avec une structure de réseau appelé ANFIS: "Adaptive Network Fuzzy Inference System". ANFIS peut être appliqué à la prévision des grandeurs stochastiques non-linéaire où les échantillons précédents sont utilisés pour la prévision de l'échantillon à venir.

Estimation des paramètres climatiques

Les systèmes flous, dont la relation liant les entrées à la sortie est décrite d'une manière symbolique qualitative par des relations floues généralement sous forme de règles "Si - Alors", sont modélisés par des implications floues. Selon la forme des conclusions des règles floues, on distingue deux principaux types de modèles flous : linguistiques de Mamdani-Larsen et linéaire ou homogène Takagi-Sugeno [59],[60].

Le système d'inférence flou (*SIF*) à réseau adaptatif ANFIS (*Adaptive-Network-Based Fuzzy Inference System*) peut être adapté aux estimations non linéaires où les mesures passées prélevées sur un système sont exploitées pour prévoir l'échantillon futur. Ce dernier produit correctement des règles floues à partir d'une base de données temporelle d'entrée-sortie. Le principe consiste à ajuster les paramètres d'un Système d'Inférence Flou (*SIF*) en utilisant une technique d'optimisation basée sur la rétro propagation du gradient de l'erreur. Ainsi, le SIF est représenté par un réseau adaptatif auquel est appliquée une procédure d'apprentissage pour régler les paramètres par rapport à un ensemble de mesures sur les entrées – sorties d'un système [61],[62].

L'architecture d'ANFIS pour un système d'inférence floue de deux entrées x et y et une sortie z sous forme polynomiale se présente par les deux règles suivantes, obtenues soit à partir de connaissances d'expert soit à partir d'analyse de données :

Règle 1 : SI x EST A_1 ET y EST B_1 ALORS $f_1 = p_1 \times x + q_1 \times y + r_1$

Règle 2 : SI x EST A_2 ET y EST B_2 ALORS $f_2 = p_2 \times x + q_2 \times y + r_2$

Avec : A_j et B_j les fonctions d'appartenance ; p_j, q_j, et r_j les paramètres linéaires de sortie.

Un réseau adaptatif ANFIS est un réseau multicouche possédant deux types de nœuds [63] : adaptatifs et fixes. Cette méthode consiste à représenter un système d'inférence floue par un réseau adaptatif et y appliquer une procédure d'apprentissage pour régler les paramètres par rapport à un ensemble d'entrées et de sorties. La figure 3.2 illustre le raisonnement du mécanisme flou de calcul de la sortie f pour des entrées données [x, y]. La sortie de chaque règle est une combinaison linéaire des variables d'entrée. La sortie du système d'inférence flou est la moyenne pondérée des sorties des règles. La figure 3.3 donne la structure correspondante d'ANFIS où les nœuds dans la même couche exécutent des fonctions de même type. Les carrés représentent les nœuds adaptatifs et les cercles les nœuds fixes [64],[65].

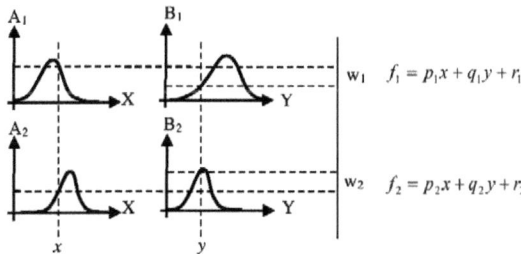

Figure 3.2 : Mécanisme de calcul d'une sortie floue.

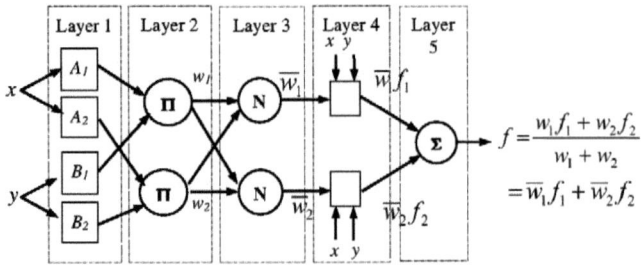

Figure 3.3 : Architecture d'un réseau ANFIS.

- La couche 1 a pour rôle le calcul des degrés d'appartenance. Souvent, les fonctions d'appartenance utilisées sont des Gaussiennes.

$$A_j(x) = \exp\left[-\left(\frac{x-c_j}{a_j}\right)\right]^2$$

- La couche 2 réalise le ET flou entre les éléments des prémisses des règles (opérateur multiplication).

$$w_j = A_j(x) \times B_j(y)$$

- La couche 3 assure le calcul de l'importance relative d'une règle par rapport aux autres.

$$\overline{w}_j(x) = \frac{w_j}{\sum_{i=1}^{Nombre\,de\,Règles} w_i}$$

- La couche 4 permet le calcul de la sortie pondérée d'une règle sous forme d'une combinaison linéaire des entrées.

$$\overline{w}_j \times f_j = \overline{w}_j \times (p_i\alpha + q_i y + r_i)$$

- La couche 5 détermine la sortie du système d'inférence floue.

$$f = \sum_{j=1}^{Nombre\,de\,Règles} \overline{w}_j \times f_j$$

Basé sur la notion d'apprentissage, ANFIS utilise l'algorithme de rétro-propagation du gradient pour le calcul et de manière récursive l'erreur à partir de la couche de sortie en fonction des variables d'entrée. A partir de l'architecture représentée par la figure 3.2(b), on remarque bien que, étant donné les valeurs des éléments des prémisses, la sortie est une fonction linéaire des paramètres en conséquence [59],[65]:

$$f = \overline{w}_1 f_1 + \overline{w}_2 f_2 = (\overline{w}_1 x)p_1 + (\overline{w}_1 y)q_1 + (\overline{w}_1)r_1 + (\overline{w}_2 x)p_2 + (\overline{w}_2 y)q_2 + (\overline{w}_2)r_2$$

L'estimation des séries temporelles avec ANFIS est basée sur deux types de données nécessaires à la prévision : les données pour l'apprentissage et celles pour l'évaluation des valeurs futures estimées. Lorsque le modèle de sortie par apprentissage est généré, une phase de calcul par ANFIS, de la valeur estimée de la sortie est lancée. L'analyse de séries temporelles doit se contenter de l'estimation des valeurs de sortie future leurs anciennes valeurs moyennes. Le principe consiste à utiliser une série temporelle, avec un pas de temps p à l'avance, des n dernières valeurs de mesures : $[m(t-(n-1)p),...,m(t-p),m(t)]$ comme données pour l'apprentissage et $[m(t-(n-2)p),...,m(t),m(t+1)]$ pour données de test, pour estimer durant cet intervalle du temps avec un pas p les nouvelles valeurs de la sortie. La valeur de $m(t+1)$ est prise arbitrairement pour le processus de test. La valeur estimée retenue sur un pas p à l'avance est $\tilde{m}(t+1)$ [53].

Pendant la phase d'apprentissage, la journée est considérée comme unité de temps $(t=d-1)$: dernier jour), $p=1$ (chaque jour). Puisque cette planification est adoptée essentiellement pour les saisons chaudes et modérées où les conditions métrologiques sont relativement stables, un horizon de dix jours est jugé suffisant pour assurer une prédiction correcte ($n=10$), (les perturbations brusques de l'ensoleillement pendant les saisons froides peuvent causer des problèmes de prévision). L'estimation de la puissance $\hat{P}_{pv,d}$ produite par le générateur photovoltaïque le long d'une journée est calculée à travers le modèle de simulation décrite dans le chapitre 2 (§2.2.3) en se basant sur les valeurs prédites des paramètres climatiques. La synoptique de la prédiction est représenté par la figure 3.4.

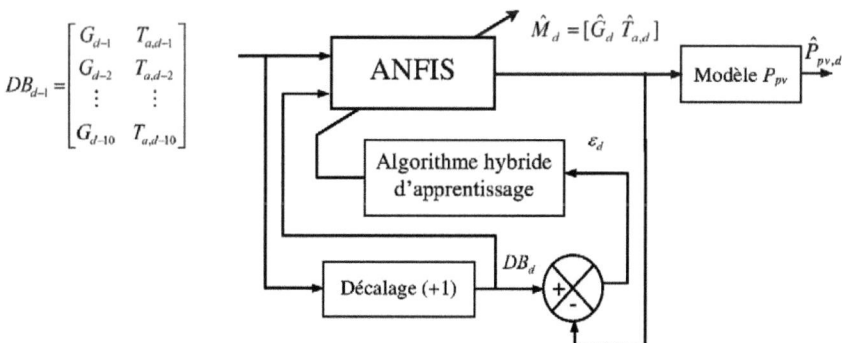

Figure 3.4 : Synoptique de la prédiction par ANFIS.

L'estimation des paramètres climatiques $\hat{G}_d$ et $\hat{T}_{a,d}$ caractéristiques d'un jour d considère respectivement les bases des mesures DB_{d-1} comme données d'apprentissage et DB_d comme données de test :

$$DB_{d-1} = \begin{bmatrix} G_{d-1} & T_{a,d-1} \\ G_{d-2} & T_{a,d-2} \\ \vdots & \vdots \\ G_{d-10} & T_{a,d-10} \end{bmatrix} = [U_1 \quad U_2] \tag{3.1}$$

$$DB_d = \begin{bmatrix} G_d & T_{a,d} \\ G_{d-1} & T_{a,d-1} \\ \vdots & \vdots \\ G_{d-9} & T_{a,d-9} \end{bmatrix} \tag{3.2}$$

où U_1 et U_2 sont respectivement le vecteur mesuré pendant les dix veilles au jour d de l'ensoleillement et la température ambiante. Chaque élément des ces vecteurs est une matrice de deux colonnes composée des mesures du paramètre climatique considéré (G, T_a) relevé toutes les 30 minutes.

L'estimation démarre par G_d et $T_{a,d}$ qui sont censées être les valeurs mesurées des paramètres climatiques pendant le jour d. Toutes les valeurs sont prises en considération afin d'accomplir correctement le processus de test fait par l'algorithme d'ANFIS. L'approche de l'estimateur Neuro-Flou proposé, basée sur la structure ANFIS décrite précédemment, est donnée par la figure 3.5. Afin d'améliorer la qualité de la prévision, quatre partitions définissant quatre fonctions d'appartenance, ont été fixées pour chacune des entrées. De même, pour chacune des entrées, dix règles sont livrées par la couche 4 à la couche 5 lors du calcul de la sortie f_{Ui} d'ANFIS. Les opérations d'apprentissage, de test des vecteurs de mesure U_i sont effectuées séparément afin d'assurer une meilleure estimation relative au modèle f_{Ui}. En conséquence, la valeur estimée de chaque paramètre climatique est calculée en utilisant son vecteur de données de la base DB_d et le modèle ANFIS f_{Ui}. Après l'étape d'apprentissage et de test, la combinaison f_{Ui} estimée fournit la matrice $\hat{DB}_d$ estimée dans laquelle la première ligne $\hat{M}_d$ représente le vecteur des paramètres climatiques estimés pour le jour d :

$$\hat{M}_d = [\hat{G}_d \quad \hat{T}_{a,d}] \tag{3.3}$$

où $\hat{G}_d$ et $\hat{T}_{a,d}$ sont respectivement les vecteurs estimée de $\hat{G}$ et $\hat{T}_a$ toutes les 30 min du jour d.

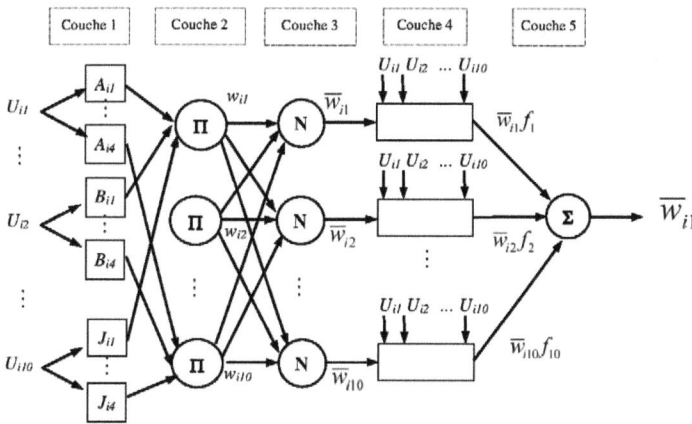

Figure 3.5 : Architecture Neuro-Floue appliquée à l'estimation des paramètres climatiques.

Estimation de la puissance photovoltaïque : $\hat{P}_{pv}$

Le système d'étude de la figure 3.1 considère un générateur PV de quatre modules photovoltaïques de 65Wp chacun, du type TE500CR⁺ (Total Energie), branchés en parallèle. Par référence à la fiche constructeur, les caractéristiques électriques typiques d'un module TE500CR⁺ sont données par le tableau 3.1.

Désignation	Paramètre	Valeur
Puissance maximale	P_{max}	65 Wp
Tension à puissance maximale	V_{max}	18 V
Courant à puissance maximale	I_{max}	3,6 A
Courant de court-circuit	I_{SC}	3,8 A
Tension en circuit ouvert	V_{OC}	22,3 V
Coefficient de température de la tension en circuit ouvert		-76,32 mV/K
Coefficient de température du courant de court-circuit	β_T	0,95 mA/K
Coefficient de température de la puissance	α_T	- 0,43 %/K
Nominal Operating Cell Temperature	NOCT	45 °C
Conditions standard d'utilisation	STC	AM1,5/1kW/m²/25°C

Tableau 3.0 : Caractéristiques électriques typiques d'un module TE500CR⁺.

Les valeurs estimées de l'intensité du courant $\hat{I}_{c,d}$ et la tension $\hat{V}_{c,d}$ débitées par une cellule photovoltaïque au cours d'une journée d dépendent de l'ensoleillement estimée $\hat{G}_d$, de la température ambiante estimée $\hat{T}_{a,d}$. Ces deux grandeurs sont respectivement exprimées par les équations 3.4 et 3.5.

$$\hat{I}_{c,d} = I_{ph} - I_0 \cdot \left[\exp\left(\frac{\hat{V}_{c,d} + R_s \cdot \hat{I}_{c,d}}{n \cdot K_B \cdot \hat{T}_{a,d} / q} \right) - 1 \right] - \frac{\hat{V}_c + R_s \cdot \hat{I}_{c,d}}{R_{sh}} \quad (3.4)$$

$$\hat{V}_{c,d} = \frac{n \cdot K_B \cdot \hat{T}_{a,d}}{q} \cdot \ln\left(\frac{1}{I_0} \times \left(I_{STC}(T_{1,ref},STC) \cdot \frac{\hat{G}_d}{G_{STC}} - \hat{I}_{c,d} \right) \right) \quad (3.5)$$

La puissance estimée $\hat{P}_{pv,d}$ produite par un générateur PV constitué de N_p modules en parallèle dont chacun est formé de N_s cellules en série est exprimée par :

$$\hat{P}_{pv,d} = N_p \times \hat{I}_{c,d} \times N_s \times \hat{V}_{c,d} \quad (3.6)$$

$$\hat{P}_{pv,d} = N_p \left(I_{ph} - I_0 \cdot \left[\exp\left(\frac{\hat{V}_c + R_s \cdot \hat{I}_{c,d}}{n \cdot K_B \cdot \hat{T}_{a,d} / q} \right) - 1 \right] - \frac{\hat{V}_c + R_s \cdot \hat{I}_{c,d}}{R_{sh}} \right)$$
$$\times N_s \left(\frac{n \cdot K_B \cdot \hat{T}_{a,d}}{q} \cdot \ln\left(\frac{1}{I_0} \times \left(I_{STC}(T_{1,ref},STC) \cdot \frac{\hat{G}_d}{G_{STC}} - \hat{I}_{c,d} \right) \right) \right) \quad (3.7)$$

Afin de garantir un rendement maximal du générateur PV, un étage de poursuite de la puissance maximale hacheur (*MPPT*) est associé au système (figure 2.6, chapitre 2). Ce dispositif assure un fonctionnement du système à son courant I_{mpp} et sa tension V_{mpp}. Pour un rendement η_{MPPT} de l'MPPT, la puissance maximale générée par un générateur PV [66] :

$$\hat{P}_{pv,d,mpp} = \eta_{MPPT} \times \hat{I}_{mpp} \times \hat{V}_{mpp} \quad (3.8)$$

La puissance estimée $\hat{P}_{pv,d}$ est calculée en utilisant l'approche ANFIS. L'estimation considère les mesures prises durant la période d'étude qui s'est étendu du 1/8/2008 au 10/8/2008. La journée d'estimation est le 11/8/2008. Afin d'évaluer les performances d'estimation, les données estimées et mesurées sont analysées par le calcul de l'erreur normalisée moyenne NMBE (*Normalized Mean Bias Error*) définie par les relations 3.9 et 3.10 [53]:

$$NMBE\% = \frac{\sum_{i=1}^{N}(valeur\,estimée - valeur\,mesurée)}{\sum_{i=1}^{N} valeur\,mesurée} \times 100 \quad (3.9)$$

$$NMBE\% = \frac{\sum_{i=1}^{N}(\hat{P}_{pv,d,i} - P_{pv,d,i})}{\sum_{i=1}^{N} P_{pv,d,i}} \times 100 \qquad (3.10)$$

avec N est le nombre de points de mesures.

Les courbes des puissances mesurées et estimées produites par le générateur photovoltaïque sont représentées par la figure 3.6. Une vue à échelle éclatée de cette journée montre la correspondance des valeurs estimées et mesurées. L'erreur moyenne de l'estimation est de 0.51%.

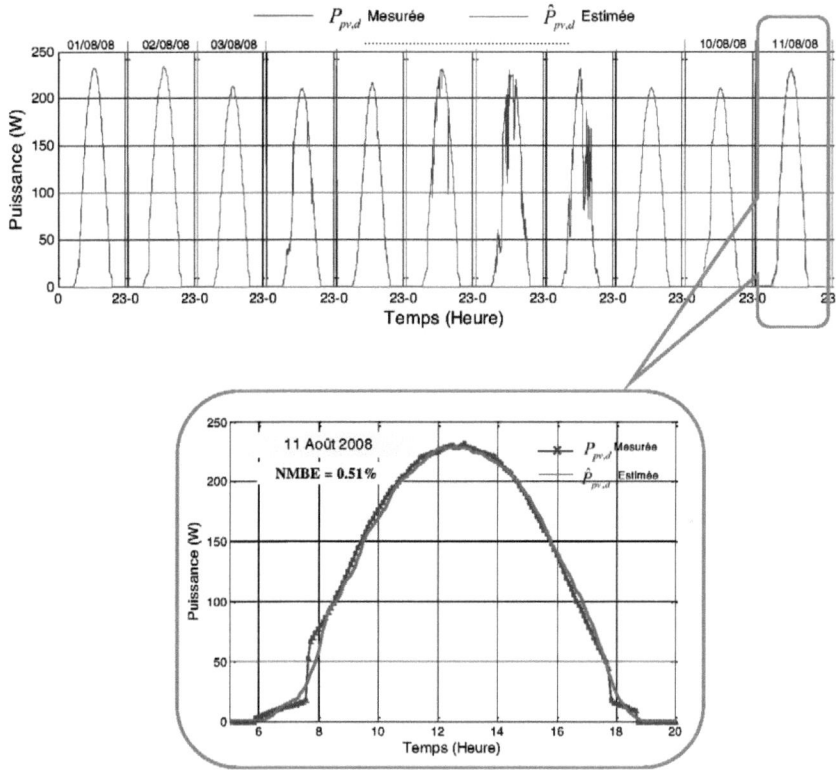

Figure 3.6 : Courbe d'estimation de la puissance photovoltaïque.

3.3.2. Estimation de la puissance éolienne générée

L'estimation de la puissance éolienne produite par une turbine éolienne est étroitement liée à la prévision du comportement du vent au cours d'une journée. Or, la vitesse du vent est un signal très aléatoire et elle n'obéit qu'à des lois probabilistes. C'est ainsi, que pour estimer la production d'une éolienne, nous nous basons sur les prévisions météorologiques de quelques points de la vitesse du vent pour la journée suivante. Par suite, basée sur des images satellitaires (figure 3.7) délivrées par l'Institut National de la Météorologie (*INM*), le comportement du vent sera estimé en traçant la courbe lissée des points de vitesses prévus. La figure 3.8 donne les points de vitesses du vent prévus par l'INM et la courbe estimée du comportement du vent. Enfin, en adoptant le modèle de la turbine donné par les équations 2.52 et 2.56 (chapitre 2) nous déterminons la puissance éolienne estimée représentée par la figure 3.9.

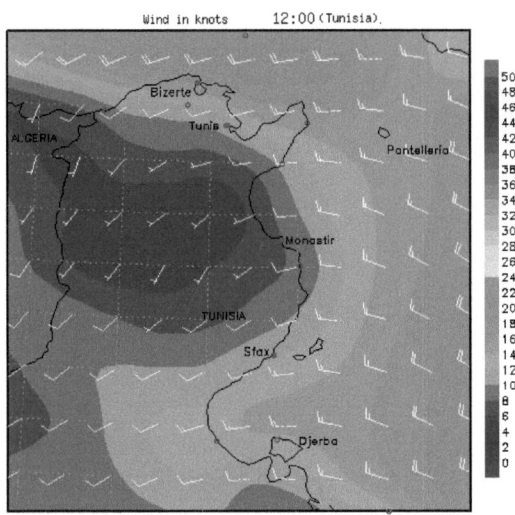

Figure 3.7 : Image satellitaire de répartition de la vitesse du vent.

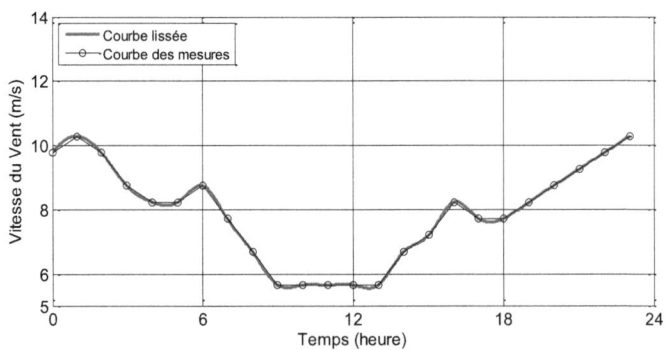

Figure 3.8 : Courbe de répartition de la vitesse du vent.

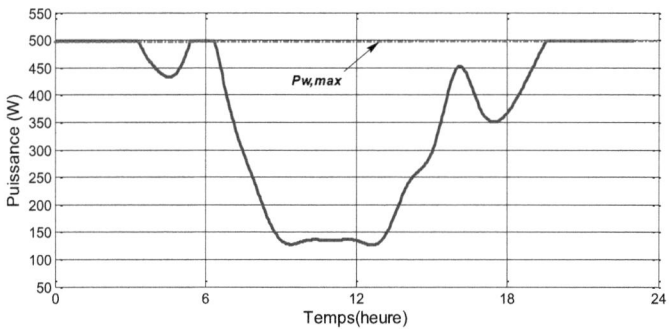

Figure 3.9 : Courbe de la puissance générée par l'éolienne.

3.3.3. Estimation de la puissance consommée

En l'absence de modèles mathématiques d'estimation de la courbe de charge d'une installation électrique, nous avons considéré un profil de consommation d'un domicile équipé d'appareils à efficacité énergétique élevée [68]. Basé sur une moyenne annuelle quotidienne, ce profil est donné par la figure 3.10.

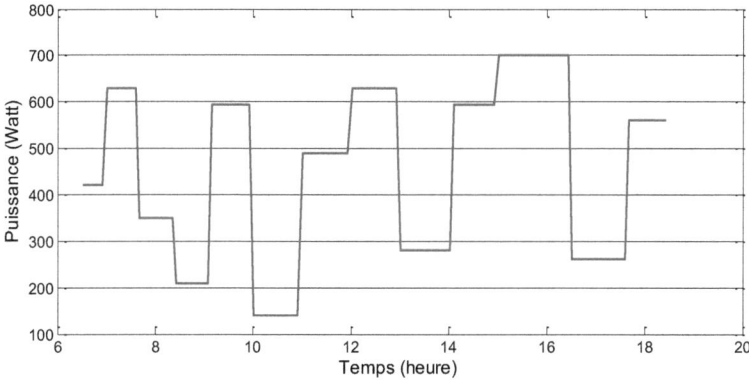

Figure 3.10 : Profil de la consommation d'un domicile.

3.4. Méthodes de gestion énergétique d'un RHER

3.4.1. Introduction aux méthodes d'optimisation

Soit un système hybride constitué de plusieurs sources de production et de consommation d'énergie, le vecteur d'état formé par les composantes du système est $X(t)$, le vecteur de commande est représenté par $V(t)$ et $\{Ex\}$ constitue l'espace non contraint des valeurs des composantes tel que :

$$X(t) = \begin{bmatrix} x_1(t) \\ \vdots \\ x_n(t) \end{bmatrix} \text{ tel que } \forall\, i \in [1, n], x_i(t) \in \{Ex\} \qquad (3.11)$$

$$V(t) = \begin{bmatrix} v_1(t) \\ \vdots \\ v_n(t) \end{bmatrix} \text{ qui peut aussi être contraint} \qquad (3.12)$$

Le système est contraint si au moins un des éléments du vecteur d'état est restreint à une partie $\{Cx_i\}$ de l'espace $\{Ex\}$, tel que [70] :

$$\exists\, i \in [1, n], tel\ que\ x_i(t) \in \{Cx_i\} \subset \{Ex\} \qquad (3.13)$$

L'ensemble des solutions admissibles $\{Cx\}$ est définie par des contraintes sous formes d'égalités, d'inégalités et/ou des limitations [69]. Soit $J(t)$ la fonction coût du système, alors le problème d'optimisation se présente sous la forme générale suivante [70] :

$$\underset{X}{Min}(ou\ \underset{X}{Max})\ J(X) \text{ sous la condition que } X \in \{Cx\} \subset \{Ex\} \qquad (3.14)$$

L'optimisation est sans contrainte, dans le cas où l'ensemble $\{Cx\}$ correspond à l'espace $\{Ex\}$ tout entier. Dans le cas contraire, c'est de l'optimisation sous contraintes. La nature et la forme mathématique des éléments du modèle définissent le degré de la difficulté de résolution du problème d'optimisation. En fonction du type de la fonction coût, deux contextes d'optimisation sont à distinguer :

- *Statique* : la fonction coût $J(X)$ ne dépend que des valeurs des variables à un instant donné. L'optimisation est obtenue alors à cet instant et la solution X ne contient que des variables représentant des phénomènes différents pendant un instant donné.
- *Dynamique* : le vecteur d'état X contient des variables représentant un même phénomène à des instants différents. L'optimisation obtenue sera sur toute une période.

Le choix de la méthode de résolution d'un problème d'optimisation, parmi les nombreuses méthodes existantes, dépend de la nature des paramètres du problème :
- variables et composants continus ou discrets ;
- contraintes linéaires, non linéaires, quadratiques, etc. ;
- fonction coût linéaire, non linéaire, quadratique, convexe,...etc.

Deux grandes familles de méthodes d'optimisation sont à distinguer, en fonction du mode de recherche de l'optimum :
- les méthodes déterministes ;
- les méthodes stochastiques.

3.4.2. Les méthodes déterministes

Les méthodes déterministes, pour un problème donné et un point de départ donné, convergent toujours vers le même optimum en parcourant de la même manière l'espace des solutions. On distingue :

3.4.2.1 Les méthodes du gradient

Avec ces méthodes, la recherche de l'optimum est toujours orientée à l'aide du calcul des dérivées partielles de la fonction objectif, permettant de se diriger rapidement vers la direction de l'optimum le plus proche. Parmi ces méthodes nous citons la technique de la plus grande pente (*steepest descent*), les méthodes de Newton ou quasi-Newton, etc. [68,70].

Ces méthodes présentent plusieurs inconvénients tels que :
- le calcul des dérivées partielles est nécessaire, ce qui n'est pas toujours évident à le réaliser dans les cas de modèles numériques.
- Seulement une convergence locale est réellement garantie, ce qui peut être un des optima locaux dans le cas de problèmes multimodaux. Cette caractéristique exige le passage par plusieurs optimisations avec des configurations initiales distinctes pour s'assurer de la convergence.
- la propriété de continuité est exigée dans les problèmes à optimiser. Ces méthodes ne tiennent pas compte directement d'éventuels paramètres discrets.

Toutefois, les méthodes du gradient présentent des avantages remarquables tels que :
- la convergence assurée est rapide surtout quand les dérivées partielles sont exprimées par des relations mathématiques exactes [68].
- Ces méthodes se basent sur des critères de convergence exacts. Il est donc possible de fixer à l'avance avec quelle précision un optimum sera atteint. Ce qui permet d'obtenir de bonnes solutions en ajustant la précision de convergence.

3.4.2.2. Les méthodes géométriques ou heuristiques

Ces méthodes se basent uniquement sur les valeurs de la fonction objectif. Elles explorent l'espace des solutions par essais successifs pour la recherche des directions les plus favorables. Comme pour les méthodes du gradient, la convergence des méthodes géométriques reste locale. Cependant, la robustesse de cette méthode est meilleure dans le cas où la fonction à optimiser est discontinue ou faiblement bruitée. L'élévation du coût de calcul lorsque le nombre de variables de conception est important constitue l'inconvénient principal de ces méthodes. Parmi les méthodes géométriques les plus employées, nous trouvons les méthodes de Hooke and Jeeves [67], de Nelder et Mead, de Rosenbrock [68].

3.4.3. Les méthodes stochastiques

Les méthodes stochastiques sont basées sur une prospection aléatoire de l'espace des solutions à l'aide de règles de transitions probabilistes. Ainsi, pour des mêmes configurations de départ avec des optimisations distinctes, différent trajet vers l'optimum peuvent être déterminés. Plusieurs algorithmes stochastiques, utilisés pour la gestion énergétique de systèmes de production électrique, sont basés sur des différentes théories tels que la logique floue, les réseaux de neurones et les algorithmes génétiques [75].

3.5. Formulation de la gestion énergétique d'un cas de RHER

Le principe consiste à optimiser l'exploitation des sources du RHER selon la disponibilité des énergies renouvelables et en minimisant un critère coût de la production tout en garantissant les besoins de la demande en énergie de l'installation. Deux types de sources d'énergies électriques équipent le RHER : les sources à énergies renouvelables (Photovoltaïque et éolienne) et une source auxiliaire (groupe électrogène). Ainsi, la gestion énergétique du RHER devra assurer une sécurité des batteries au cours du fonctionnement de l'installation.

Le réseau hybride multi-sources à énergies renouvelables considéré (figure 3.11) est formé de cinq éléments de manière que le vecteur composant $V(t)$ s'écrive :

$$V(t) = \begin{bmatrix} v_1(t) \\ v_2(t) \\ v_3(t) \\ v_4(t) \\ v_5(t) \end{bmatrix} = \begin{bmatrix} P_{PV}(t) \\ P_W(t) \\ P_{bat}(t) \\ P_G(t) \\ P_{ch}(t) \end{bmatrix} \qquad (3.15)$$

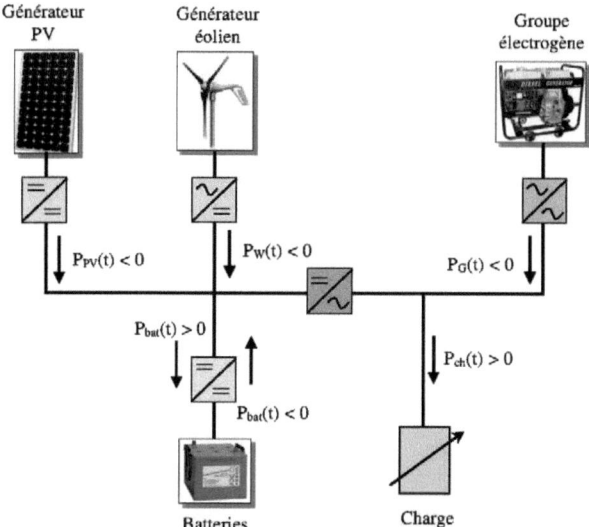

Figure 3.11 : Schéma synoptique de RHER.

Le vecteur V est formé des données d'entrées imposées V_1, V_2 et V_5, sur lesquelles nous n'avons aucun contrôle et des variables inconnues V_3 et V_4, à déterminer en fonction de l'état du système. Cela signifie que nous prenons l'hypothèse que les productions photovoltaïque et éolienne et leur fonctionnement ainsi que la charge ne sont pas pilotées. A chaque instant, l'état du système est caractérisé par son vecteur d'état $X(t)$, formé de quatre composantes qui représentent les degrés d'implication de chacune des sources d'énergie dans le RHER.

$$X(t) = \begin{bmatrix} x_1(t) \\ x_2(t) \\ x_3(t) \\ x_4(t) \end{bmatrix} = \begin{bmatrix} \alpha_{PV}(t) \\ \alpha_W(t) \\ \alpha_{bat}(t) \\ \alpha_G(t) \end{bmatrix} \qquad (3.16)$$

L'état de charge et la puissance stockée dans les batteries dépendent essentiellement du courant qui transite dans le RHER. Conformément à la convention de signe, les lois de la physique imposent l'équilibre des puissances à chaque instant tel que :

$$\alpha_{PV} \cdot P_{PV}(t) + \alpha_W \cdot P_W(t) + \alpha_{bat} \cdot P_{bat}(t) + \alpha_G \cdot P_G(t) + P_{ch}(t) = 0 \qquad (3.17)$$

La puissance de la batterie $P_{bat}(t)$ est calculée à partir de la tension aux bornes de la batterie $V_{bat}(t)$ et du courant $I_{bat}(t)$ qui y transite par la relation (3.11) :

$$P_{bat}(t) = V_{bat}(t) \cdot I_{bat}(t) \qquad (3.18)$$

Vu que les batteries imposent leur tension sur le bus DC, la grandeur inconnue est le courant qui y transite. Les courants $I_{bat}(t)$ et $I_G(t)$ sont donc les variables de décision du système. Elles permettent le passage du système d'un état à l'autre (alimentation ou restitution) et de déterminer les valeurs des variables $P_{bat}(t)$ et $P_G(t)$. Le vecteur de commande $U(t)$ s'écrit alors :

$$U(t) = \begin{bmatrix} I_{bat}(t) & I_G(t) \end{bmatrix} \tag{3.19}$$

3.5.1. Formulation du problème

Le problème d'optimisation présent revient à un problème de minimisation d'une fonction coût sous contraintes. Basée sur le calcul des degrés de pénétrations des énergies produites par les différentes sources constituant le RHER, le coût total de production d'énergie du système doit (fonction objectif) être minimisé, avec comme variables d'entrée : les puissances fournies par le générateur photovoltaïque, l'éolienne et la batterie d'une part, et la puissance consommée par la charge d'autre part.

Notre objectif consiste à développer une stratégie de gestion énergétique optimale du système hybride multi-sources. Une fonction coût à minimiser est introduite pour l'optimisation des degrés d'implication de chaque élément du système. Le calcul du coût sur la durée de vie est une forme de calcul économique qui permet une comparaison directe des coûts induits par les diverses solutions envisagées. Les futurs coûts sur la durée de vie de l'installation pris en compte englobent la maintenance, l'exploitation, les dépenses en carburant et les remplacements de certaines parties du système. La période d'analyse sera la durée de vie du sous-système qui bénéficie de la plus longue durée de vie.

3.5.2. Définition de la fonction objectif

Le coût de l'énergie consommée ou produite $C_{élément}(t)$ par un composant donné d'une installation, à l'instant "t" (t en heure), est défini comme étant la somme des coûts d'investissement $C_I(t)$, de consommation ou de production de l'énergie $C_E(t)$ et d'utilisation $C_U(t)$. Ces facteurs englobent les coûts d'achat, d'installation, de fonctionnement, d'entretien et de la maintenance.

$$C_{élément}(t) = C_I(t) + C_E(t) + C_U(t) \tag{3.20}$$

La fonction *objectif*, pour l'installation de N éléments, est définie comme étant le minimum absolu de la somme des coûts annuels garantissant au système hybride multi-sources la couverture des besoins énergétique de la charge :

$$F_c = \min \sum_{i}^{N} C_{élément,i}(t) \qquad (3.21)$$

Coût d'investissement $C_I(t)$:

Le coût d'investissement est fonction de la capacité énergétique maximale des composantes de l'installation ($P_{p_{PV}}, P_{p_W}, P_{p_{conv}}, E_{p_{bat}}$). Ce coût constitué des frais comptants C_{Ic} d'achat et d'implantation de l'installation et des frais $C_{Ié}$ étalés et majorés d'un taux d'intérêt annuel ζ sur les années d'exploitation est :

$$C_I(t) = C_{Ic} + \frac{1}{8760} \times C_{Ié} \times t \qquad (3.22)$$

Le coût C_{Ic}, sur un nombre N_a années d'amortissement et en fonction du coût total d'une installation C_T de capacité énergétique maximale C_{max}, est donné par :

$$C_{Ié} = \frac{1}{(1+\zeta)^{N_a} - 1} \times [C_T(C_{max}) - C_{Ic}] \times \zeta \times (1+\zeta)^{N_a} \qquad (3.23)$$

Avec une année de 365 jours de 24 heures compte 8760 heures.

Coût de l'énergie $C_E(t)$:

Ce coût est une fonction de la puissance consommée ou produite par les différents composants de l'installation $x_E(t)$ à l'instant t et de la puissance maximale $x_{E\max}$ reçue ou renvoyée par l'élément. Le coût de l'énergie $C_E(t)$ est :

$$C_E(t) = \sum_{0}^{t} \alpha_E \cdot [x_{E\max}, signe(x_E(\tau)), t] \cdot x_E(\tau) \cdot \Delta\tau \qquad (3.24)$$

Tous les éléments du RHER considéré sont des sources d'énergie électrique sauf le cas de la batterie qui se comporte soit source soit charge. Le coefficient α_E représente le prix énergétique unitaire exprimé en €/kWh.

Coût d'utilisation $C_U(t)$:

Le coût d'utilisation regroupe le coût d'entretien annuel et le coût C_M d'entretien et de maintenance. C_M dépend de l'usure des composants de l'installation et de la capacité maximale de production C_{max} de l'installation :

$$C_U(t) = \frac{\beta_a(C_{max})}{8760} \cdot t + \sum_{0}^{t} \gamma_a \cdot |x_E(\tau)| \cdot \Delta\tau \qquad (3.25)$$

Avec :
- ß$_a$: coefficient annuel moyen dépendant des frais d'entretien annuel;
- γ$_a$: coefficient moyen dépendant au phénomène d'usure.

Ainsi, les fonctions coûts sont calculées par la détermination de tous ces paramètres pour les différentes composantes du RHER.

⇨ <u>La production photovoltaïque</u> : L'installation photovoltaïque étant garantie sur dix ans par le fournisseur, Le coût énergétique et le coût d'usure lié à la production sont nuls. Le coût de production $C_{PV}(t)$ est exprimé par :

$$C_{PV}(t) = C_{I_{PV}}(P_{p_{PV}}, t, N_a, \zeta) + \frac{\beta_{PV} \cdot P_{p_{PV}}}{8760} \cdot t \qquad (3.26)$$

⇨ <u>La production éolienne</u> : Le coût énergétique lié à la production étant nul, le coût de production $C_W(t)$ est donné par :

$$C_W(t) = C_{I_W}(P_{p_W}, t, N_a, \zeta) + \frac{\beta_W \cdot P_{p_W}}{8760} \cdot t + \sum_0^t \gamma_W(P_{p_W}) \cdot P_W(\tau) \cdot \Delta\tau \qquad (3.27)$$

⇨ <u>Le stockage</u> : Le coût énergétique lié à la production est nul. Le coût de production $C_{bat}(t)$ est exprimé par :

$$C_{bat}(t) = C_{I_{bat}}(P_{p_{bat}}, t, N_a, \zeta) + \frac{\beta_{bat} \cdot P_{p_{bat}}}{8760} \cdot t + \sum_0^t \gamma_{bat} \cdot |P_{bat}(\tau)| \cdot \Delta\tau \qquad (3.28)$$

⇨ <u>L'onduleur</u> : Le coût d'achat et de mise en place lié à sa puissance maximale $P_{p_{conv}}$ est donné par la relation suivante :

$$C_{conv}(t) = C_{I_{conv}}(P_{p_{conv}}, t, N_a, \zeta) \qquad (3.29)$$

En se basant sur le fait que la somme algébrique des puissances, produites consommées et stockées est nulle, $\sum_{i=1}^{n} P_i = 0$, le coût total d'utilisation pour tout instant t, est donné par :

$$\begin{aligned} C_{Tot}(t) =\ & C_{I_W}(P_{p_W}, t, N_a, \delta_a) + C_{I_{PV}}(P_{p_{PV}}, t, N_a, \delta_a) + C_{I_{bat}}(P_{p_{bat}}, t, N_a, \delta_a) \\ & + C_{I_{conv}}(P_{p_{conv}}, t, N_a, \delta_a) + \frac{t}{8760} \cdot [\beta_W \cdot (P_{p_W}) + \beta_{PV} \cdot (P_{p_{PV}}) + \beta_{bat} \cdot (P_{p_{bat}})] \\ & + \sum_0^t \gamma_W \cdot (P_{p_W}) \cdot P_W(\tau) \cdot \Delta\tau + \sum_0^t \gamma_{bat} \cdot |P_{bat}(\tau)| \cdot \Delta\tau \end{aligned} \qquad (3.30)$$

3.5.3. Paramètres économiques liés aux composantes du système

Paramètres économiques liés au PV :

Les frais d'un système photovoltaïque tiennent en compte les prix des composantes réels de l'installation. Ils recouvrent l'ensemble des matériels de conversion, les frais de la mise en service de l'installation. L'ensemble des matériels regroupe les panneaux photovoltaïques, les convertisseurs, les systèmes de fixation et les câbles de raccordement nécessaires. Le coût total de l'installation PV change avec les prix des composantes sur le marché. Pour réaliser cette étude, un coût constant de 6 € par watt-crête installé a été adopté [70].

$$C_{PV} = 6 \, (€/Wc) \tag{3.31}$$

L'évolution du coût total de l'installation PV en fonction de la puissance crête installée $(P_{p_{PV}})$ est donnée par [71] :

$$C_{T_{PV}} = 6 \times P_{p_{PV}} \, (€) \tag{3.32}$$

Pour un système installé, le coût de fonctionnement et de maintenance est évalué à 0,001€/kWh produit par watt-crête installé [70]. Le watt-crête de photovoltaïque installé produit 1 kWh par an, nous obtenons alors l'estimation suivante du coût annuel de l'entretien :

$$\beta_{PV} = 0.001 \, (€/Wc/an) \tag{3.33}$$

Paramètres économiques liés à l'éolienne :

Le prix d'une installation éolienne est fortement lié au lieu de son implantation. Le coût recouvre le matériel et les frais de la main d'œuvre et de la mise en fonctionnement de l'installation. Il varie selon les difficultés topographiques du site d'implantation et l'espacement des aérogénérateurs et la hauteur par rapport au sol,..., etc. Le matériel inclut tous les équipements nécessaires pour l'installation des éoliennes tels que : supports, convertisseurs, câbles et accessoires nécessaires aux raccordement. Le coût pour une installation des éoliennes petites puissances est évalué à 10 € par Watt crête installé [70]. En fonction de la puissance crête installée (P_{p_w}), Le coût d'installation (C_W) et le coût total de l'éolien (C_{T_W}) sont donnés par :

$$C_{T_{PV}} = 0.6 \times P_{p_{PV}} \, (€) \tag{3.34}$$

$$C_{T_W} = 10 \times P_{pW} \, (€) \tag{3.35}$$

Des études des systèmes éoliens ont permis d'évaluer les coûts de fonctionnement et de maintenance à 0.01€/kWh par watt-crête installé. Le coût d'utilisation lié uniquement à la production est [70] :

$$\kappa_W = 0.01 \ (\text{€}/kWh/Wc/an) \quad (3.36)$$

$$\beta_W = 0 \ (\text{€}/Wc/an) \quad (3.37)$$

<u>Paramètres économiques liés aux batteries</u> :

Le coût d'un système de stockage comprend le coût des batteries, des équipements d'arrangement et d'installation ainsi que la mise en service du système. Le coût pour un parc de batteries en plomb-acide est estimé à 150 €/kWh installé [70-73]:

$$C_{T_{bat}} = 150 \times E_{p_{bat}} \ (\text{€}) \quad (3.38)$$

La maintenance regroupe un coût lié à l'entretien annuel indépendant au fonctionnement de la batterie (β_{bat}) et un coût lié à l'usure causée par les cycles de décharge et de charge des batteries (κ_{bat}) [74]. Les batteries installées ne nécessitant aucun type d'entretien ont un coût d'entretien annuel négligeable. Ce coût est considéré nul dans notre application ($\beta_{bat} = 0$).

Le coût lié à l'usure des batteries est donné par :

$$C_{b_{usure}}(t) = \sum_{0}^{t} \gamma_{bat} \cdot |P_{bat}(\tau)| \cdot \Delta\tau \quad (3.39)$$

Le coût lié à l'usure dépend de l'amplitude et du nombre des cycles de charge et de décharge de la batterie. Pour un nombre de cycles constant quelle que soit l'amplitude des cycles d'utilisation de la batterie, le coût d'un cycle est calculé par le rapport du prix total des batteries par le nombre de cycles. Donc, il suffit de compter le nombre de cycles que la batterie a subi à l'instant t pour déterminer le coût lié à l'usure au même instant. Cependant, le comptage du nombre de cycles devient une opération compliquée lorsque la batterie est fortement sollicitée. Le produit constant du nombre de cycles (N_{cyc}) par la profondeur de décharge (DOD) est donné par :

$$N_{pd} = N_{cyc} \times DOD \quad (3.40)$$

Alors, en tenant compte de la charge et de la décharge, l'énergie totale qui pourra transiter dans la batterie en charge et en décharge est donnée par le produit de deux fois N_{pd} fois la capacité maximale $E_{p_{bat}}$ de la batterie :

$$W_{T_{bat}} = \sum_{0}^{t} |P_{bat}(\tau)| \cdot \Delta\tau = 2 \times N_{pd} \times E_{p_{bat}} \quad (3.41)$$

Paramètres économiques de l'onduleur :

Le coût total de l'onduleur est évalué pour une puissance inférieure à 2 kW à une valeur constante égale à 2000 € [70]:

$$C_{T_{conv}} = 2000 \ (€) \tag{3.42}$$

Le problème d'optimisation économique des transferts d'énergie sur une période T donnée, s'exprime mathématiquement par la minimisation de la fonction coût soumise à des différentes contraintes.

3.5.4. Définition des contraintes associées

Dans un problème d'optimisation avec contraintes, la première étape consiste à l'établissement des contraintes. Une contrainte est définie comme étant une condition nécessaire pour qu'une solution soit satisfaisante. Deux types de contraintes sont à distinguer : contraintes d'égalité et contraintes d'inégalité. L'ensemble des solutions satisfaisant toutes les contraintes est dite ensemble réalisable.

- Contrainte d'équilibre production - consommation :

$$\alpha_W \cdot P_W(t) + \alpha_{PV} \cdot P_{PV}(t) + \alpha_{bat} P_{bat,out}(t) + \alpha_G \cdot P_G(t) = P_{ch}(t) + P_{bat,in}(t) \tag{3.43}$$

- Contraintes sur les puissances maximales de production des sources des systèmes :

$$E_{bat}(t) \leq E_{p_{bat}} \ ; \ |P_{bat}(t)| \leq P_{p_{bat}} \ ; \ |P_{conv}(t)| \leq P_{p_{conv}} \tag{3.44}$$

- Contraintes de stockage
   - Etat de charge :
$$SOC(t) = SOC(t-1) + K_{soc} \cdot (P_{bat,out}(t) + P_{bat,in}(t)) \tag{3.45}$$
   - Limitation de charge - décharge
$$K_{min} \cdot S_{max} \leq SOC(t) \leq K_{max} \cdot S_{max} \tag{3.46}$$
   - Contrainte d'indépendance des phases de charge et de décharge de la batterie : vu que ces phases ne sont pas faites en même temps, alors il est nécessaire qu'à tout instant t :
$$P_{bat,in}(t) \cdot P_{bat,out}(t) = 0. \tag{3.47}$$

Cette contrainte est transformée en expression linéaire, en intercalant ℓ comme variable binaire de décision, sous la forme suivante :

$$\begin{cases} 0 \leq P_{bat,in}(t) \leq \ell \cdot \frac{1}{\Delta t} \cdot S \cdot r_{ch} \cdot \eta_{bat} \\ -\frac{1}{\Delta t} \cdot (S_{\max} \cdot r_{dch} \cdot \frac{1}{\eta_{bat}}) \cdot (1-\ell) \leq P_{bat,out}(t) \leq 0 \end{cases} \quad (3.48)$$

Selon le mode de charge ou de décharge de la batterie ; cette expression sera écrite :

- Batterie en mode charge $\ell = 1$: $\begin{cases} 0 \leq P_{bat,in}(t) \leq \frac{1}{\Delta t}(S_{\max} \cdot r_{ch} \cdot \eta_{bat}) \\ P_{bat,out}(t) = 0 \end{cases}$ (3.49)

- Batterie en mode décharge $\ell = 0$: $\begin{cases} P_{bat,in}(t) = 0 \\ -\frac{1}{\Delta t}(S_{\max} \cdot r_{dch} \cdot \frac{1}{\eta_b}) \leq P_{bat,out}(t) \leq 0 \end{cases}$ (3.50)

Le problème de la gestion énergétique optimale du RHER sur un intervalle du temps fixe T_f, se traduit par la minimisation de la fonction coût total donnée par l'équation 3.26 sous les contraintes suivantes :

$$\begin{cases} P_{ch}(t) = \alpha_W \cdot P_W(t) + \alpha_{PV} \cdot P_{PV}(t) + \alpha_{bat} P_{bat,out}(t) + \alpha_G \cdot P_G(t) - P_{bat,in}(t) \\ E_{bat}(t) \leq E_{p_{bat}} \\ P_{bat,out}(t) \leq P_{p_{bat}} \qquad \qquad \forall t \in [0, T_f] \\ |P_{bat,in}(t)| \leq P_{p_{bat}} \\ |P_{conv}(t)| \leq P_{p_{conv}} \end{cases} \quad (3.51)$$

Ainsi, la gestion énergétique revient à effectuer une optimisation linéaire avec contraintes. Les techniques de résolution dépendent de la nature de la fonction coût et de l'ensemble des contraintes. La difficulté de l'optimisation réside dans la conception d'algorithmes capables d'évaluer les optimums d'une telle fonction. Cette fonction avec des contraintes est caractérisée par une dimension supérieure à un avec variables discrètes. Les multitudes méthodes signifient qu'il n'y a pas de méthode unique de résolution de tous les problèmes d'optimisation [70].

4

Implémentation et validation expérimentales

Contenu

4.1. Introduction
4.2. Planification énergétique d'un PV domestique
4.2.1. Stratégie de planification
4.2.2. Modes de fonctionnement
4.2.3. Critères de planification
4.2.4. Algorithme de planification énergétique
4.2.5. Implémentation et évaluation du système

4.2.6. Évaluation quotidienne de la planification
4.2.7. Evaluation mensuelle de la planification
4.3. Extension à la planification d'un RHAER
4.3.1. Présentation de l'approche
4.3.2. Algorithme de planification
4.3.3. Simulation de la planification

4.1. Introduction

Les énergies photovoltaïque et éolienne générées sont intermittentes par natures. Elles dépendent du site d'installation des systèmes de conversion de ces énergies renouvelables. En effet, l'énergie photovoltaïque est généralement abondante pendant la saison chaude caractérisée par un fort ensoleillement, par contre celle de l'éolienne devient importante pendant la saison froide. Pour une saison modérée, les productions photovoltaïque et éolienne sont moyennes. Vue l'intermittence de ces sources à énergies renouvelables et le besoin aléatoire de l'installation au cours de l'année nous proposons une stratégie de planification énergétique d'un réseau hybride multi-sources autonome. Dans une première phase, nous considérons un générateur photovoltaïque (PV) formé de quatre panneaux photovoltaïques alimentant un domicile. Ce générateur doit pouvoir couvrir le maximum des besoins de la charge. En cas d'insuffisance d'énergie provenant du PV, l'installation est connectée au réseau public de distribution. Dans une seconde phase, nous proposons une stratégie de planification énergétique d'un réseau hybride multi-sources autonome.

Les sources à énergie renouvelables sont les générateurs PV et les éoliens. Pour adapter la production de ces sources au besoin de la charge, nous intégrons un parc de batteries de stockage. Toutefois, en vue de sécuriser les batteries d'une part et d'assurer une alimentation continue de l'installation d'autre part, l'intervention d'une source complémentaire d'énergie, telle qu'un groupe électrogène, s'avère nécessaire [77].

La stratégie de planification énergétique consiste à décider le temps de mise en marche du groupe électrogène en respectant son temps de réponse et l'état de charge des batteries. Ainsi, une planification des connexions de la charge au groupe électrogène ou au reste des sources est engagée. Cette stratégie est basée sur des outils d'optimisation. Elle doit garantir une exploitation maximale de l'énergie produite par les sources à énergies renouvelables, remplir continuellement les besoins en énergie de l'installation. Elle doit aussi minimiser le coût de l'énergie complémentaire apportée par les sources auxiliaires en cas d'insuffisance d'énergie provenant des sources à énergies renouvelables et en fin sécuriser les éléments du RHAER durant le fonctionnement.

4.2. Planification énergétique d'un PV domestique

4.2.1. Stratégie de planification

La stratégie proposée planifie la puissance photovoltaïque estimée $\hat{P}_{pv,d}$ (Eq.3.7) durant une journée en décidant le temps et la durée optimale de connexion des appareils électroménagers au panneau photovoltaïque (*PPV*). Selon un des quatre modes de fonctionnement préprogrammés, la décision sur la durée des connexions pour chaque appareil est basée sur des règles floues tenant compte de l'état de l'appareil et de critères de planifcation (Figure 4.1).

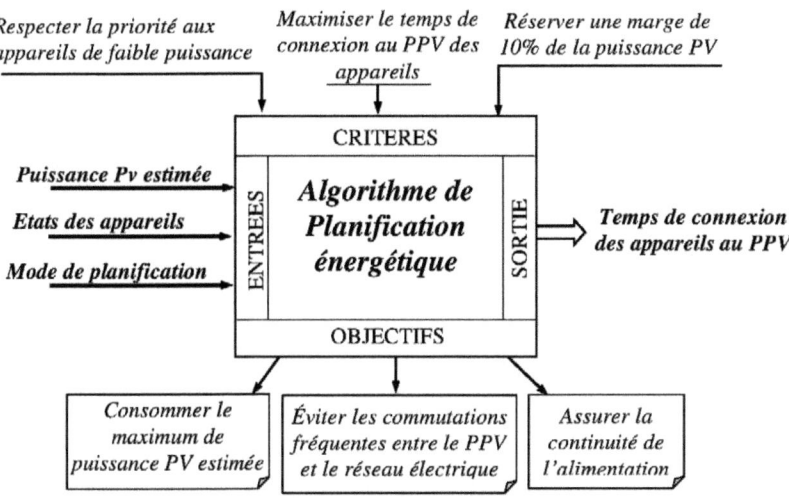

Figure 4.1 : Synoptique de l'approche proposée.

4.2.2. Modes de fonctionnement

Quatre modes de fonctionnement sont envisagés. Le choix d'un mode dépend du type de l'appareil et son fonctionnement. La durée de mise en marche d'un appareil est prédéfini ou bien libre ; de même l'instant de démarrage est préréglée ou libre. Les modes sont récapitulés sur le tableau 4.1.

<u>Mode 0</u> : Considéré comme rigoureux, ce mode est engagé si la période de fonctionnement de l'appareil et le temps de son déclenchement sont imposés quelle que soit la disponibilité de la puissance fournie par le PPV.

Mode 1 : Le temps de mise en marche est préréglé pour une période de fonctionnement libre. L'appareil fonctionne aussi longtemps que le PPV est en mesure de couvrir le besoin énergétique du récepteur.

Mode 2 : Le temps de mise en marche est libre, mais la durée de fonctionnement est prédéfinie à l'avance. Ce mode de fonctionnement est adapté pour la plupart des appareils électroménagers domestiques tels que les machines à laver, etc. L'heure de mise en service est calculée de manière à alimenter cet appareil uniquement par le générateur PV.

Mode 3. Le temps de mise en marche et la durée de fonctionnement sont tous les deux libres. Ce mode présente l'avantage d'exploiter le maximum de la puissance générée par le générateur PV. Dans ce mode, la présence du réseau électrique n'est pas nécessaire.

Temps de mise en marche	*Période*	
	Fixe	Libre
Fixe	Mode 0	Mode 1
Libre	Mode 2	Mode 3

Tableau 4.1 : Modes de fonctionnement.

4.2.3. Critères de planification

La planification de la puissance photovoltaïque estimée $\hat{P}_{pv,d}$ consiste à calculer les instants de mise en marche et d'arrêt de connexion de chaque appareil au PPV. Néanmoins, pour une situation donnée (mode, $\hat{P}_{pv,d}$, états de connexion des appareils), multiples possibilités de planification peuvent être envisagées. Dans ce cas, les critères de planification aident pour la prise de décision de la solution à adopter (Figure 4.1) :

> ➢ Donner la priorité à l'appareil de plus faible puissance : en raison de consommer la puissance produite par le PPV au début et à la fin de la journée.
> ➢ Maximiser le temps de fonctionnement des appareils connectés au PPV: un appareil connecté au PPV a la priorité pour rester connecté, afin d'éviter les commutations abusives des connexions des appareils au PPV et au réseau électrique.
> ➢ Réserver une marge de +10% de la puissance estimée générée par le PPV afin de garantir une connexion permanente des appareils au PPV et une puissance électrique stable aussi que possible en cas des perturbations climatiques.

4.2.4. Algorithme de planification énergétique

L'algorithme de planification floue est basé sur quatre étapes : base de connaissances de l'expert, fuzzification, mécanisme d'inférence et la défuzzification [80].

Base de connaissances de l'expert

L'approche propose une résolution multicritères pour laquelle trois partitions floues sont nécessaires: les Etats appareils, la puissance générée par le PPV et la commande des connexions (Tableau 4.2).

i, l et k sont les numéros des sous-ensembles flous, j est la référence du $j^{ème}$ appareil et $\mu_{A_{ji}}$, μ_{B_l} et $\mu_{C_{jk}}$ sont les fonctions d'appartenance.

Partition floue	Nombre de sous-ensembles	Sous-ensembles flous	Intervalle flou	Condition à vérifier
États des appareils	$N_s = 4$	A_{ji} = (OFF, ON) $i = \{1,2\}$: nombre de partitions $j = \{1, 2, 3, 4\}$	$X = [0, 1]$ $x = ER_j \in X$ ER_j : Etat de l'appareil j	$\sum_{i=1}^{N_s} \mu_{A_{ji}}(x) = 1$
Puissance PPV	$N_s = 9$	$B_l = \{A, B, C, E, F, G, H, I\}$ $l = \{1, 2, 3, 4, 5, 6, 7, 8, 9\}$	$Y = [0, 260]$ $y_l = P_l \in Y$ P_l : puissance PPV	$\sum_{l=1}^{N_s} \mu_{B_l}(y) = 1$
Commande des connexions	$N_s = 2$	C_{jk} = (Réseau, PPV) $k = \{1, 2\}$	$Z = [0, 1]$ $z_j = ES_j \in Z$ ES_j : Etat du relais j	$\sum_{i=1}^{N_s} \mu_{C_{jk}}(z) = 1$

Tableau 4.2 : Partitions floues des états des appareils, du $\hat{P}_{pv,d}$ et de la commande des connexions

Fuzzification

Les partitions floues déterminées entraînent le calcul des fonctions d'appartenance en considérant la forme triangulaire symétrique (Figure 4.2). Ces fonctions d'appartenance sont exprimées par :

$$\mu_{A_{ji}}(x_i) = \begin{cases} 1 - \dfrac{|x_i - x_{0i}|}{\varepsilon_{x_{0i}}} & if\ |x_i - x_{0i}| \leq \varepsilon_{x_{0i}} \\ 0 & ailleur \end{cases} \quad (4.1)$$

$j = \{1,2,3,4\}$ pour l'état des appareils

$$\mu_{B_l}(y_l) = \begin{cases} 1 - \dfrac{|y_l - y_{0l}|}{\varepsilon_{y_{0l}}} & if\ |y_l - y_{0l}| \leq \varepsilon_{y_{0l}} \\ 0 & ailleur \end{cases} \quad pour\ \hat{P}_{pv} \quad (4.2)$$

$$\mu_{C_k}(z_k) = \begin{cases} 1 - \dfrac{|z_k - z_{0k}|}{\varepsilon_{z_{0k}}} & if\ |z_k - z_{0k}| \le \varepsilon_{z_{0k}} \\ 0 & ailleur \end{cases} \qquad (4.3)$$

j = {1,2,3,4} *pour la commande des connexions*

x_{0i}, y_{0l}, z_{0k} sont respectivement les valeurs maximales des variables réelles x_i, y_l, z_k dans leurs fonctions d'appartenance et ε_{0i}, ε_{0l}, ε_{0k}, sont respectivement les intervalles des valeurs de x_{0i}, y_{0l}, z_{0k}.

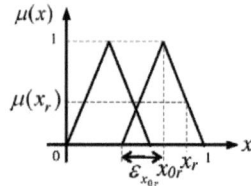

Figure 4.2 : Forme générale d'une fonction d'appartenance $\mu(x)$.

Mécanisme d'inférence

En se basant sur les fonctions d'appartenance définies et les puissances des appareils électroménagers qui sont : 30, 40, 60 et 75W, une base de règles utilisant le format général de Mamdani est établie [81].

$$R_{ilk}:\ si\ (X\ est\ A_i\ et\ y_l\ est\ B_l)\ alors\ Z\ est\ C_k \qquad (4.4)$$

où $X = [x_1\ x_2\ x_3\ x_4]$ est le vecteur des états des appareils et $A_i = [A_{1i}\ A_{2i}\ A_{3i}\ A_{4i}]$ son vecteur des valeurs linguistiques, y_l la puissance disponible produite par le PPV et B_l sa valeur linguistique. $Z = [z_1\ z_2]$ est le vecteur de commande de relais des appareils et $C_k = [C_{1k}\ C_{2k}\ C_{3k}\ C_{4k}]$ son vecteur des valeurs linguistiques. Pour une condition validée ($X\ est\ A_i\ et\ y_l\ est\ B_l$), de nombreuses actions C_k peuvent être affectées par le vecteur de commande Z. Par conséquent, une procédure décide l'action C_k vérifiant les critères de planification.

Agrégation

Les règles sont données par le calcul de l'implication norme liaison minimale de chaque sous-ensemble flou du relais du $j^{ème}$ appareil:

- $w_{C'j1} = \min(w_{j1}, \mu_{C_{j1}})$: pour le premier sous-ensemble flou,
- $w_{C'j2} = \min(w_{j2}, \mu_{C_{j2}})$: pour le deuxième sous-ensemble flou.

où w_{j1} est la conjonction floue à norme minimale entre le premier sous-ensemble flou du $j^{ème}$ appareil et le $l^{ème}$ sous-ensemble flou du $\hat{P}_{pv,d}$: $w_{j1} = \min(\mu_{A_{j1}}, \mu_{B_l})$ et w_{j2} est la conjonction floue à norme minimale entre le deuxième sous-ensemble flou du $j^{ème}$ appareil et la $(l+1)^{ème}$ sous-ensemble flou du $\hat{P}_{pv,d}$: $w_{j2} = \min(\mu_{A_{j2}}, \mu_{B_{l+1}})$. En utilisant la règle d'agrégation T-conorme maximum, la fonction d'appartenance d'un point de fonctionnement du relais du $j^{ème}$ appareil est donnée par : $\mu_{C_j} = \max(\mu_{C_{j1}}, \mu_{C_{j2}})$

Défuzzification

La défuzzification consiste à calculer la valeur réelle z_{0k} de l'état du relais de chaque appareil utilisant la méthode de centroïde (z_{0k} est le centre de μ_{C_j}) [80]:

$$z_{0k} = \frac{\int_0^1 z_j \mu_{C_j} dz_j}{\int_0^1 \mu_{C_j} dz_j} \qquad (4.5)$$

Par conséquent, la commande de connexion du relais du $j^{ème}$ appareil est déterminée par l'équation 4.6 :

$$\begin{cases} ES_j = réseau \text{ si } z_{0k} < 0.5 \\ ES_j = PPV \text{ si } z_{0k} \geq 0.5 \end{cases} \qquad (4.6)$$

Enfin, l'algorithme flou de planification de l'énergie est structuré en quatre étapes comme suit :

1. Initialisation
- *Sélectionner le mode de fonctionnement de chaque appareil : 0, 1, 2 ou 3.*
- *Fixer le temps de mise en marche, si le mode 0 ou le mode 1 est sélectionné.*
- *Fixer la période du fonctionnement, si le mode 0 ou le mode 2 est sélectionné.*

2. Estimation du $\hat{P}_{pv,d}$
- *Lecture de la base des données des paramètres climatiques: DB_{d-1}.*
- *Estimation du vecteur de paramètres climatiques : $\hat{M}_d = [\hat{G}_d, \hat{T}_{a,d}]$*
- *Estimation de la puissance photovoltaïque : $\hat{P}_{pv,d}$*

3. Planification de l'énergie électrique
- *Lecture des états des appareils : ER_j , j={1,2,3,4}.*
- *Détermination de la commande de relais : ES_j*
- *Décisions : Temps de connexion des appareils au PPV.*

4. Etablissement du bilan énergétique quotidien.

4.2.5. Implémentation et évaluation du système

Un système a été installé à l'Ecole Nationale d'Ingénieurs de Sfax (*ENIS*) - Tunisie. Il comprend un PPV de 260Wp composé de quatre modules photovoltaïques (*TE-500CR⁺ de Total Energie*) associés en parallèle. Le réseau électrique est considéré comme source d'énergie complémentaire. Le PPV est équipé d'un régulateur (MPPT) et un onduleur fournissant à sa sortie une tension alternative de 230V/50Hz. Le MPPT est un dispositif électronique permettant au PPV de fonctionner autour de son point de maximum de puissance. Les appareils choisis sont quatre lampes de 30W, 40W, 60W et 75W, connectées à travers un bloc relais de commutation, soit à la sortie PPV ou au réseau électrique. Toute l'installation est contrôlée par un microordinateur PC dans lequel l'algorithme de planification est installé. Un système d'acquisition des paramètres climatiques (G, T_a) est branché au microordinateur. La figure 4.3 présente un schéma synoptique de l'installation.

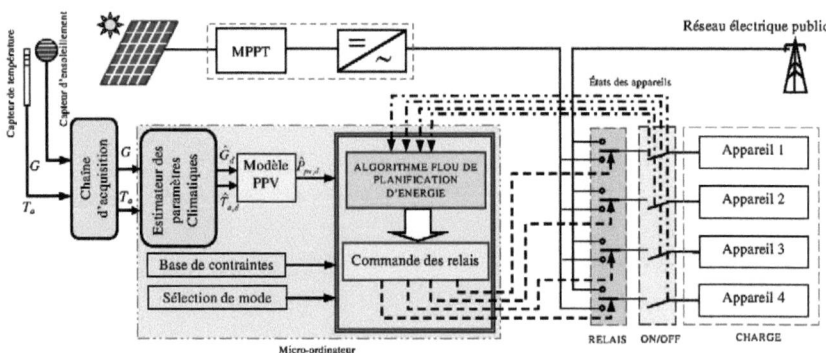

Figure 4.3 : Schéma synoptique de l'installation.

4.2.6. Évaluation quotidienne de la planification

La puissance estimée $\hat{P}_{pv,d}$ est planifiée de manière à déterminer le temps et la durée de connexion des quatre appareils, soit à la sortie PPV ou bien au réseau électrique, en tenant compte des modes et des critères déjà définis. Une évaluation quotidienne, pour la journée considérée (*11 août 2008*), est établie au chapitre 3 (*§3.3.1*). Elle se compose du chronogramme de commutation de l'appareil entre le PPV et le réseau électrique d'une part et les courbes des puissances (estimée produite : $\hat{P}_{pv,d}$, consommée du PPV : $P_{pv,C}$, perdue du PPV : $P_{pv,L}$ et celle consommée à partir du réseau : $P_{ré,C}$) d'autre part. Trois cas d'étude sont investigués pour le même jour.

- **Premier cas d'étude** : le mode 0 est fixé pour tous les appareils. Les périodes de fonctionnement $(T_1,..., T_4)$ et les temps de mise en marche $(ts_1,..., ts_4)$ des appareils sont imposés. Selon la disponibilité de la puissance $\hat{P}_{pv,d}$, l'algorithme de planification énergétique assure la commutation des connexions des appareils entre la sortie du PPV et du réseau électrique (Figure 4.4). Par conséquent, l'algorithme planifie la connexion des appareils 2 et 3 au PPV. Alors que l'appareil 1 démarre alimenté par le réseau électrique pendant la durée T'_1, puis il est mis sur le PPV jusqu'à la fin de la période de fonctionnement programmé. L'appareil 4 démarre sur le PPV jusqu'à l'instant ts'_4 où il est branché sur le réseau électrique durant toute la période T'_4. Les durées T'_1 T'_4 sont calculés de manière à exploiter au maximum la puissance $\hat{P}_{pv,d}$. Dans ce cas, la puissance perdue $P_{pv,d}$ est considérable puisque le mode de fonctionnement engagé impose les périodes de fonctionnement et les temps de mise en marche des appareils. Ce mode n'offre aucune marge de souplesse à l'algorithme de planification pour favoriser l'énergie générée par le PPV. Considéré comme sévère, ce mode de fonctionnement ne permet pas une exploitation optimale de l'énergie produite par le PPV vu qu'il sollicite longtemps le réseau électrique pour combler le manque d'énergie générée par le PPV.

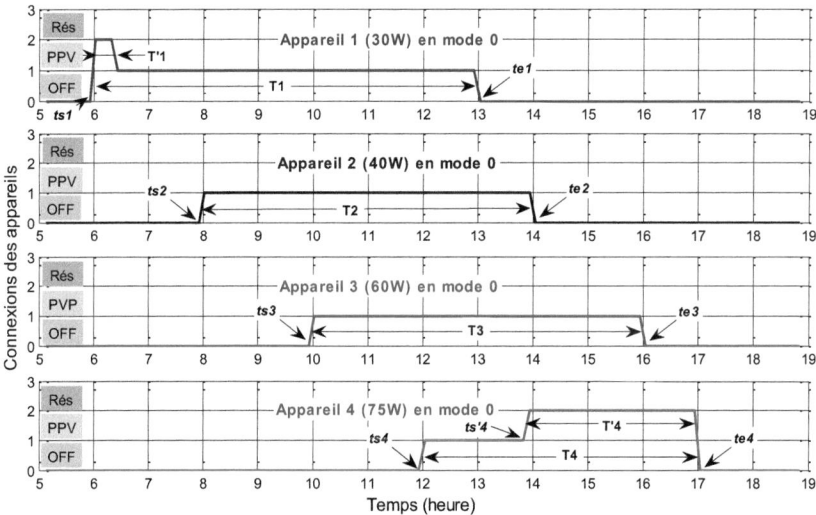

Figure 4.4a : Connexions des appareils : 1er cas d'étude.

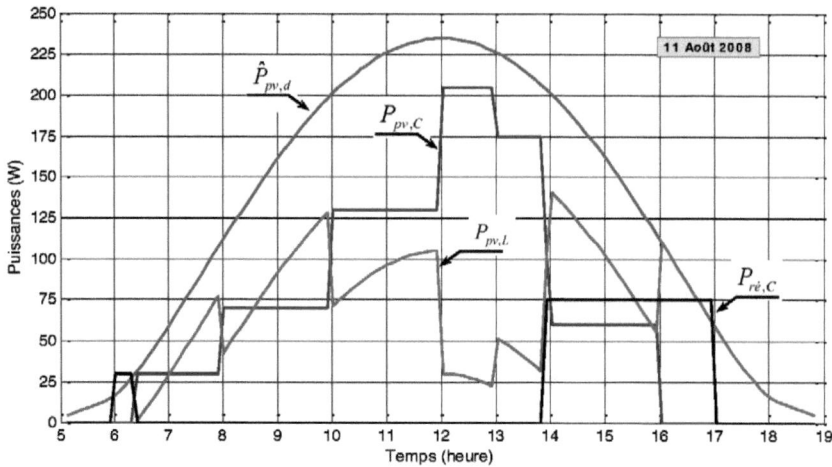

Figure 4.4b : Bilan de puissance: 1er cas d'étude.

- **Deuxième cas d'étude** : Le mode 3 est programmé pour tous les appareils. Les périodes de fonctionnement et les instants de mise en marche sont libres. Les instants de mise en marche $(ts_1,..., ts_4)$ et d'arrêt $(te_1,..., te_4)$ des appareils ne dépendent que de la disponibilité de la puissance $\hat{P}_{pv,d}$. Ce mode permet d'obtenir le meilleur rendement de l'installation. Par ailleurs, la présence du réseau électrique n'est pas nécessaire au fonctionnement du système. La figure 4.5 montre le temps de connexion au PPV et les durées de mise en marche des appareils.

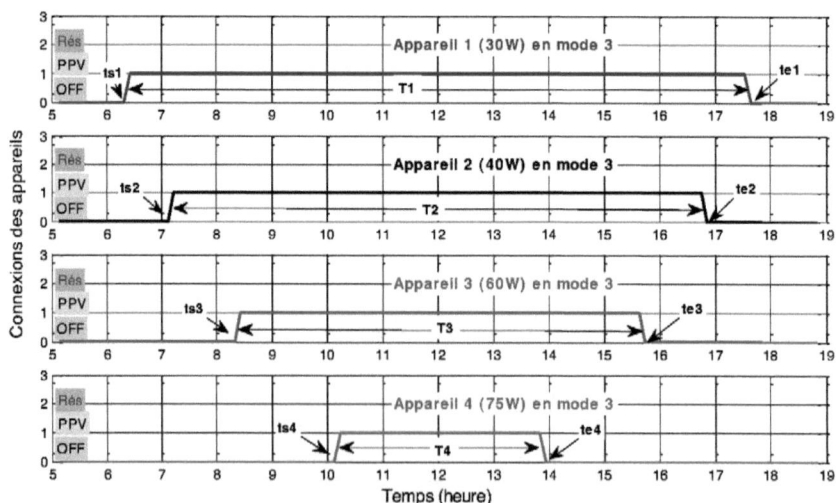

- 96 -

Figure 4.5a : Connexions des appareils : 2ème cas d'étude.

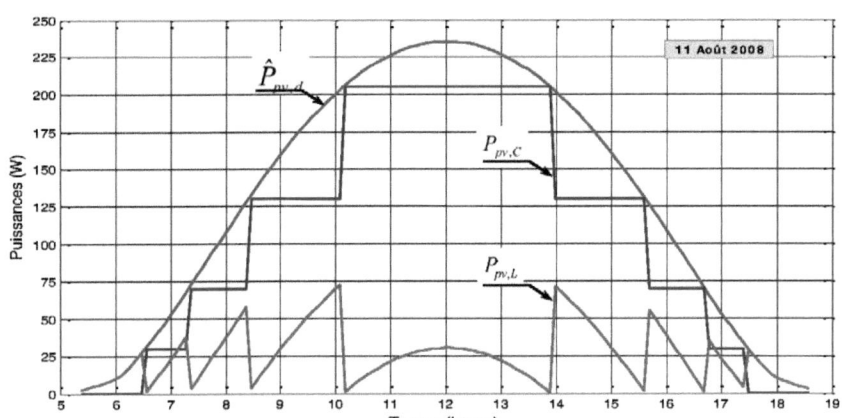

Figure 4.5b : Bilan de puissances : 2ème cas d'étude.

Troisième cas d'étude : Chaque appareil est programmé pour un mode de fonctionnement spécifique (Figure 4.6). L'appareil 1 est en mode 3, où ts_1 et T_1 sont choisis librement. L'appareil 2 doit démarrer à l'instant ts_2 (prévu à 10:00 AM) sur une période d'exploitation libre T_2 (mode 1). Le fonctionnement de l'appareil 3 est planifié sur le mode 2, pour un temps de déclenchement ts_3 libre et pour une durée d'exploitation imposée ($T_3 = 5$ heures). L'appareil 4 est programmé pour fonctionner en mode 0, il doit démarrer à l'instant ts_4 (préréglé à 9:00 AM) sur une durée T_4 (préréglé à 7 heures). Au cours de l'exécution de l'algorithme de planification et pendant leurs périodes de fonctionnement, les appareils 2 et 3 sont totalement connectés au PPV. Cependant, l'appareil 1, de plus faible puissance, est programmé en mode dit souple (mode 3). Il est prévu pour fonctionner durant la phase ensoleillée de la journée ; ce qui permet d'améliorer davantage le rendement de l'installation. Enfin, l'appareil 4 démarre, à l'instant ts_4, connecté sur le réseau électrique pendant T'_4. Par la suite, il est alimenté par le PPV. Il demeure alimenté par le PPV jusqu'à l'instant ts'_4 au bout duquel il est remis sur le réseau électrique pour le reste de la période de fonctionnement T_4.

Au vue des résultats de l'étude des trois cas, il est à remarquer que la puissance consommée ($P_{pv,C}$) a tendance à atteindre celle estimée $\hat{P}_{pv,d}$. La puissance perdue ($P_{pv,L}$) est due aux dispositifs fixant les puissances nominales et aux modes qui imposent les instants de démarrage et les périodes de fonctionnement. En outre, nous constatons que les critères de planification sont vérifiés grâce à l'absence des perturbations du fonctionnement des appareils. De plus, les exigences de fonctionnement en temps et en besoin de puissance sont respectées.

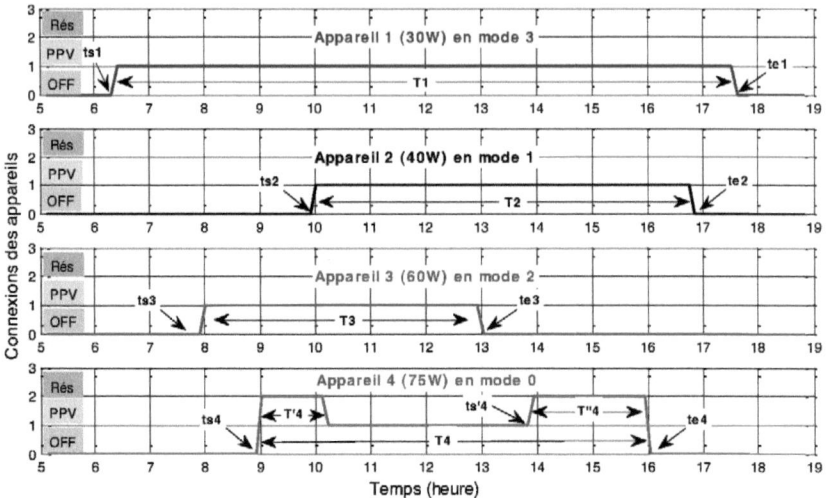

Figure 4.6a : Connexions des appareils : 3ème cas d'étude.

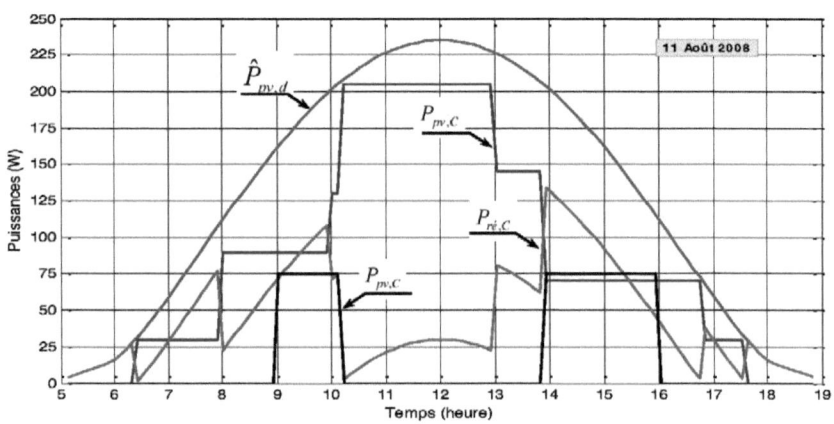

Figure 4.6b : Bilan de puissances : 3ème cas d'étude.

4.2.7. Evaluation mensuelle de la planification

L'évaluation quotidienne est développée au cours de l'année 2008 pour construire un bilan énergétique mensuel prouvant l'efficacité de l'approche et l'algorithme de planification. Toutes les puissances produites par le PPV sont cumulées le long d'une journée (*du lever au coucher du soleil*). Les énergies obtenues sont cumulées sur la durée du mois (*ml*) pour évaluer les énergies mensuelles générées par le PPV (disponibles : P_{pv}, consommées : $P_{pv,C}$, perdue: $P_{pv,L}$) par les équations (Eq.(4.8) et (4.9)):

$$\hat{P}_{pv,d} = \sum_{j=1}^{ml} \int_{sunrise(j)}^{sunset(j)} \hat{P}_{pv}(t)\,dt \qquad (4.7)$$

$$P_{pv,C} = \sum_{j=1}^{ml} \int_{sunrise(j)}^{sunset(j)} P_{pv,C}(t)\,dt \qquad (4.8)$$

$$P_{pv,L} = \sum_{j=1}^{ml} \int_{sunrise(j)}^{sunset(j)} P_{pv,L}(t)\,dt \qquad (4.9)$$

Le bilan énergétique résultant (*Tableau 4.2*) est établi pour la programmation en mode 2 de tous les appareils. Ce mode est choisi parce qu'il est couramment utilisé dans le cas des appareils électroménagers tels que la machine à laver, le lave-vaisselle, etc. Nous constatons aisément que le panneau photovoltaïque est capable de couvrir tout le besoin en énergie nécessaire au fonctionnement des appareils au cours des saisons chaudes (*Juin - Août*). Pour les saisons modérées (*Mars - Mai et Octobre*), les appareils nécessitent peu d'approvisionnement en énergie du réseau électrique. Enfin, pendant les saisons froides et non ensoleillées (*Novembre - Février*) la puissance $P_{pv,d}$ n'est pas toujours disponibles. Par conséquent, les appareils sont connectés au réseau électrique pendant de longues périodes. Nous remarquons aussi que durant tous les mois, une partie de la puissance produite par le PPV reste toujours non exploitable. La puissance perdue $P_{pv,d}$ est due à l'existence des périodes de fonctionnement imposées (T_1, ..., T_4).

Bien que l'énergie électrique mensuelle produite par le PPV varie entre 23 et 48 kWh, la part du PPV de l'énergie électrique consommée varie entre 17 et 40 kWh, ce qui implique une énergie non exploitée par mois variant entre 6 et 8 kWh. L'énergie perdue ($P_{pv,L}$) est généralement remarquée proche des temps de lever et de coucher du soleil où $P_{pv,d}$ est insuffisante même pour les appareils de très faible puissance (<30W). Une seconde valorisation de l'approche proposée consiste au calcul d'un coefficient d'efficacité par mois (η%) définie par [81]:

$$\eta\% = \frac{\hat{P}_{pv,d} - P_{pv,L}}{\hat{P}_{pv,d}} \times 100 = \frac{P_{pv,C}}{\hat{P}_{pv,d}} \times 100 \qquad (4.10)$$

Le tableau 4.3 résume toutes les énergies mensuelles produites par PPV et le coefficient d'efficacité (η%) (*Ce coefficient est quasiment constant au cours des mois de l'année ; il varie entre 72% et 82,7%*).

Mois	Puissance (kWh)				η (%)
	$\hat{P}_{pv,d}$	$P_{pv,C}$	$P_{ré,C}$	$P_{pv,L}$	
Janvier	25,9	18,9	17,1	7,0	73,1
Février	29,6	23,2	12,8	6,4	78,3
Mars	38,7	31,4	4,6	7,4	81,0
Avril	40,6	32,6	3,4	8,0	80,3
Mai	44,5	35,2	0,8	9,3	79,0
Juin	44,8	36,2	0,0	8,6	80,8
Juillet	46,9	37,7	0,0	9,2	80,3
Août	48,4	40,0	0,0	8,4	82,7
Septembre	41,1	33,1	2,9	8,0	80,6
Octobre	37,0	29,7	6,3	7,3	80,2
Novembre	27,8	21,5	14,5	6,3	77,4
Décembre	23,6	17,0	19,0	6,6	72,1

Tableau 4.3 : Audit énergétique mensuel.

La figure 4.7 présente la courbe de variation du coefficient d'efficacité au cours de l'année 2008. Il confirme que l'approche de planification à fait l'usage d'environ 80% de l'énergie produite par le PPV ; ce qui montre la contribution de cette stratégie de planification.

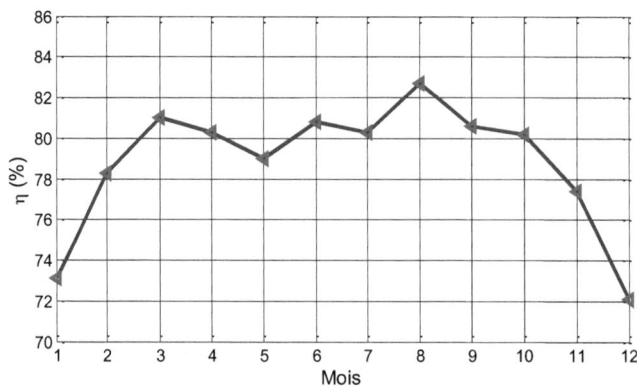

Figure 4.7 : Variation du coefficient d'efficacité.

4.3. Extension à la planification d'un RHAER

4.3.1. Présentation de l'approche

L'approche de planification énergétique consiste à optimiser l'exploitation de l'énergie électrique d'un réseau hybride multi-sources autonome à énergies renouvelables. Le RHAER est composé d'un générateur photovoltaïque, d'un générateur éolien, d'un parc de batteries solaires, d'un groupe électrogène, d'un onduleur bidirectionnel et d'une charge à puissance variable (*figure 3.11, chapitre 3*). Basée sur des critères d'optimisation du coût de production de l'énergie électrique, la décision des connexions de la charge aux sources renouvelables ou au groupe électrogène est déterminée par l'algorithme de planification donné par la figure 4.8.

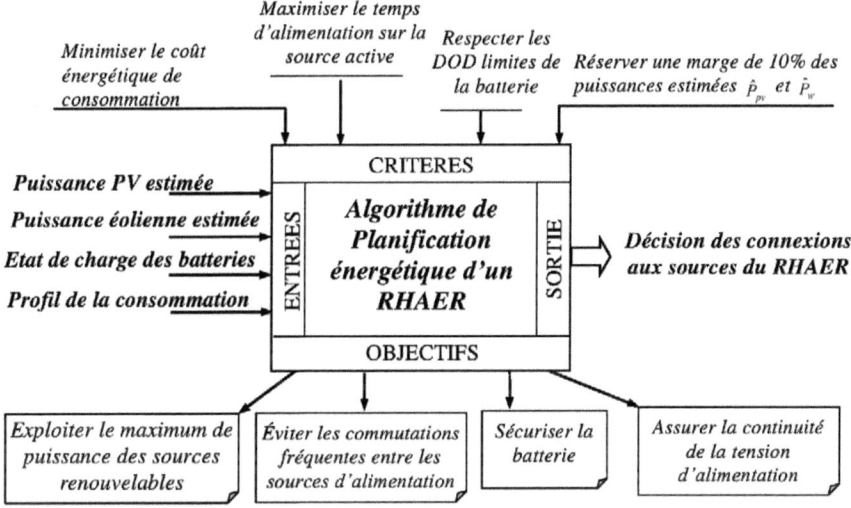

Figure 4.8 : Schéma UML de planification énergétique d'un RHAER.

4.3.2. Algorithme de planification

La planification énergétique a été développée et simulée en utilisant la méthode de commutation. Cette méthode consiste à exécuter continuellement les tâches de test et de calcul des puissances mises en jeux par le RHAER de manière à maximiser le temps d'intégration de l'énergie électrique produite par les générateurs photovoltaïque et éolien.

L'algorithme est structuré en cinq étapes comme suit :

I. *Estimer les valeurs des énergies produites par les sources renouvelables du réseau ($\hat{E}_{pv}$, $\hat{E}_{w}$), de la profondeur de décharge des batteries ($D\hat{O}D$) et des énergies consommée par la charge ($\hat{E}_{ch}$) et cumulée dans les batteries ($\hat{E}_{bat}$).*

II. *Comparer l'énergie totale estimée fournie par les sources renouvelables à celle du besoin de la charge :*
   - ✓ *en cas de couverture du besoin, alors la charge est alimentée par le panneau photovoltaïque et le générateur éolien,*
   - ✓ *dans le cas contraire, ajouter l'énergie des batteries à celles provenant des sources renouvelables pour alimenter la charge tout en respectant l'état limite de décharge des batteries.*

III. *Au cas où le besoin en énergie dépasse l'énergie totale produite par le panneau photovoltaïque, le générateur éolien et les batteries ; l'alimentation de la charge sera confiée au groupe électrogène.*

IV. *Par la suite, déduire l'énergie non consommée pour la recharge des batteries.*

V. *Calculer le taux d'intégration des énergies renouvelables dans le système et établir un bilan énergétique de l'installation.*

La figure 4.9 montre l'organigramme correspondant à cet algorithme.

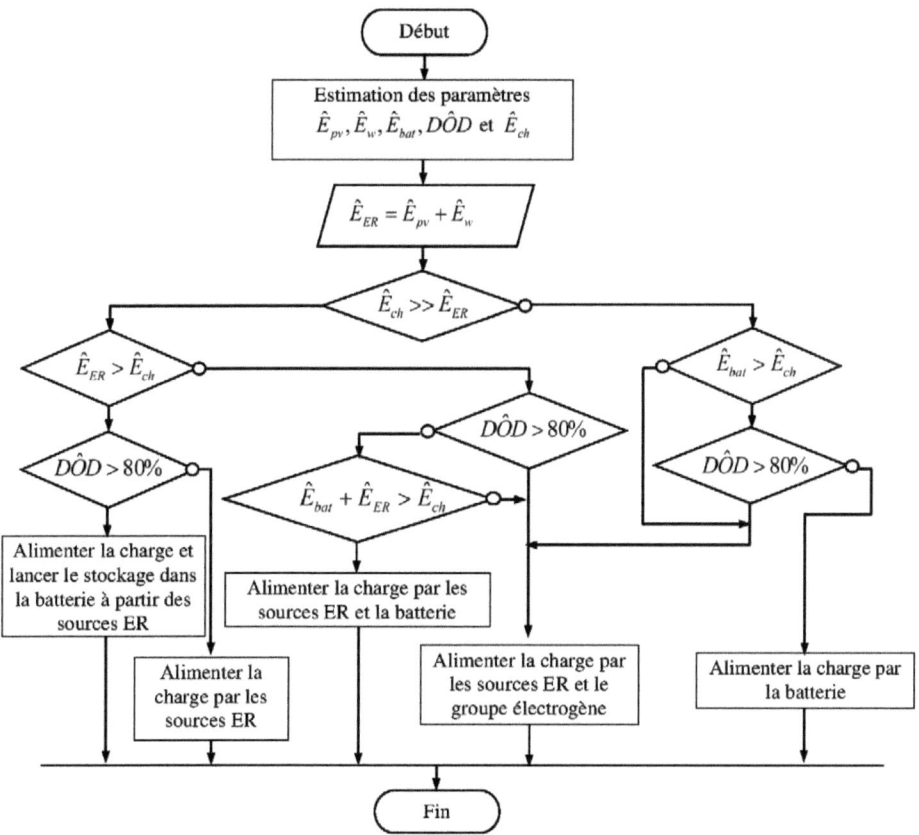

Figure 4.9 : Organigramme de planification énergétique du RHAER.

4.3.3. Simulation de la planification

Le réseau RHAER considéré est formé par un générateur photovoltaïque de 260 Wp, un générateur éolien de 400 W, un groupe électrogène de 1 kW, une batterie de 210 Ah et une charge électrique variable de puissance maximale 700 W. Le schéma de simulation de la planification de l'énergie de ce réseau a été développé sous Matlab/Simulink (fig.4.10). Un pas de temps de 5 mn a été considéré.

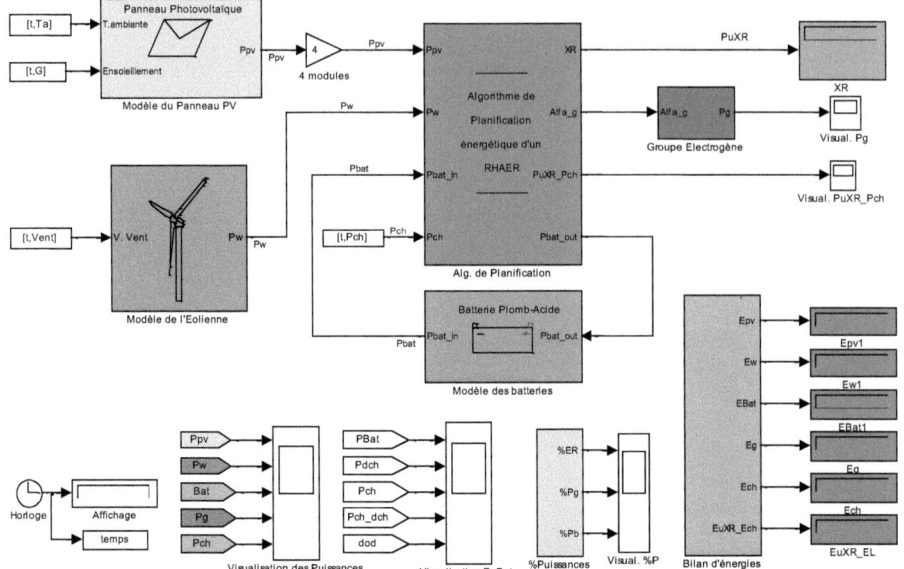

Figure 4.10 : Schéma de simulation sous Matlab/Simulink du RHAER.

La simulation adoptant la structure du réseau donnée par la figure 1.9 (§1.3.2 chap.1) a été menée pour deux journées distinctes:

- Une journée représentant la saison chaude (10 Août 2010) caractérisée par une stabilité climatique, une faible puissance du vent et un fort ensoleillement ;
- Une journée type de la saison froide (2 décembre 2010) dont le climat est perturbé où l'ensoleillement est faible par contre la puissance éolienne est considérable.

Journée du 10 Août 2010

La figure 4.11 présente les allures des courbes de la température ambiante et l'ensoleillement prisent pendant la journée du 10 Août 2008 considérée chaude. De même, la figure 4.12 donne le comportement de la vitesse du vent, mesurée à une altitude de 10 m par rapport au sol, au cours de la même journée. Ces deux figures représentent les paramètres climatiques qui excitent l'algorithme de simulation.

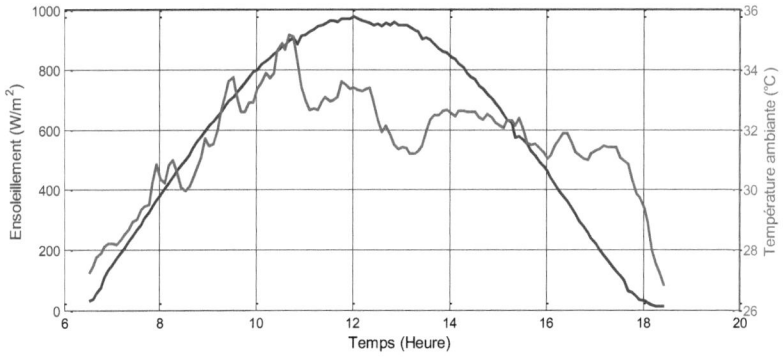

Figure 4.11 : Courbes de l'ensoleillement et de la température ambiante, (10 Août 2010).

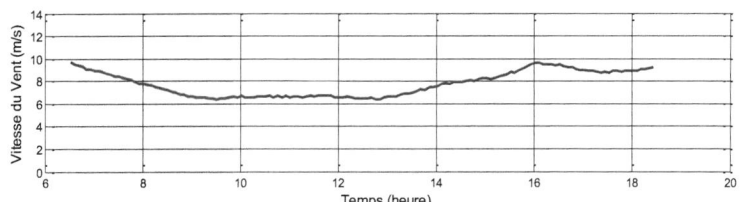

Figure 4.12 : Courbe de la vitesse du vent, (10 Aout 2010).

La figure 4.13 trace les différentes puissances régissant le système :
- la courbe en violet est le profil de la charge fixé à l'avance,
- la courbe en bleu donne l'évolution de la puissance photovoltaïque produite au cours de la journée suite au comportement de l'ensoleillement et de la température ambiante (fig.4.11),
- la courbe en vert est la puissance produite par l'éolienne en considérant la courbe de la vitesse du vent (fig.4.12),
- la courbe en rouge représente la puissance fournie par la batterie,
- la courbe en cyan trace la puissance délivrée par le groupe électrogène,
- la courbe en noire donne l'évolution de la puissance reçue par la batterie.

La figure 4.14 donne l'évolution du DOD, profondeur de décharge, de la batterie. Il est à noter que ce DOD est toujours compris entre 0 et 80%. De même, une continuité de charge et de décharge de la batterie est remarquée.

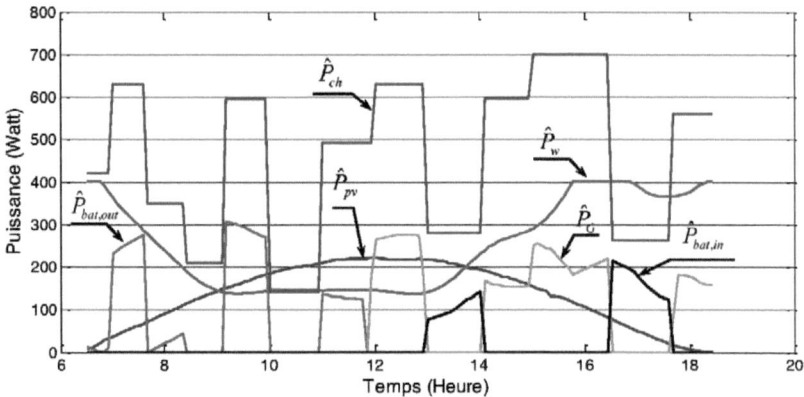

Figure 4.13 : Profils des puissances mises en jeux, (10 Aout 2010).

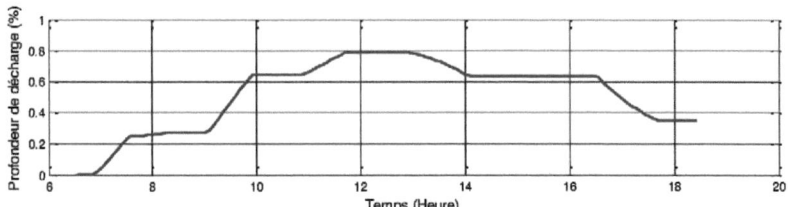

Figure 4.14 : Profondeur de décharge : DOD, (10 Aout 2010).

La simulation effectuée pour la journée du 10 Août 2010 reflète les différents modes de fonctionnement mentionnés par l'algorithme (fig.4.9). En effet, la journée démarre avec un état de batterie chargé (fig.4.9) (jusqu'à 7 h du matin). Par la suite, l'énergie demandée par la charge ne peut pas être couverte par les énergies renouvelables produites. C'est ainsi que la batterie devient sollicitée. En avançant dans la journée, les énergies renouvelables et le besoin de la charge changent de façon à ce que les énergies renouvelables produites arrivent à couvrir le besoin de la charge. Pour cette raison, la batterie arrête d'intervenir (de 8h30' jusqu'à 9h et de 10h jusqu'à 11h). Pendant ces périodes, la batterie n'accepte pas la recharge même s'il y a un plus d'énergies renouvelables et son DOD est inférieur à 80%. Cette mesure est prise en vue d'augmenter la durée de vie de la batterie (l'ordre de recharge de la batterie ne sera lancé que si son DOD atteint 80%).

A partir de 11h50', le besoin énergétique de la charge dépasse les énergies renouvelables produites et celle qui peut être donnée par la batterie. En ce moment, le groupe électrogène se lance pour participer à remplir le besoin de la charge, en association avec les ER. Il est à noter que la batterie se trouve déconnectée dès que le groupe électrogène entre en service. Arrivant à 13h, les ER produites dépassent celles demandée par la charge. Dans ce cas, le groupe électrogène s'arrête et l'énergie supplémentaire est stockée dans la batterie. Vu que son DOD atteint 80%, cette situation continue jusqu'à 14h. A cet instant, les flux énergétiques changent de nouveau et les ER ne couvrent plus le besoin de la charge. Ainsi, le groupe électrogène reprend pour assurer le complément d'énergie.

Suite à la simulation effectuée, une répartition des différentes énergies régissant le RHAER est tracée (fig.4.15). L'apport en énergie renouvelable pour l'installation est d'environ 74% du besoin. Par contre, le groupe électrogène participe uniquement par 16% du besoin de la charge. Ainsi, la faible sollicitation du groupe électrogène souligne l'efficacité de la gestion d'énergie, protège l'environnement et économise le carburant. Quant à la batterie, elle intervient avec 10% du besoin puisque son rôle est restreint à assurer les manques d'énergie de courte durée afin d'éviter le lancement multiple du groupe électrogène.

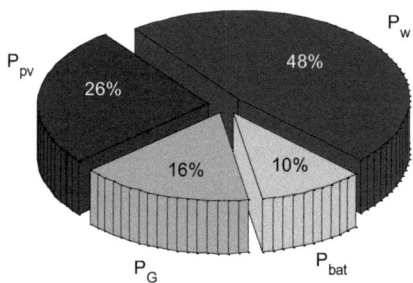

Figure 4.15 : Répartition de la puissance consommée, (10 Aout 2010).

Journée du 2 Décembre 2010

La figure 4.16 donne les allures des courbes de la température ambiante et l'ensoleillement prisent pendant la journée du 2 décembre 2010 considérée froide. De même la figure 4.17 représente le comportement de la vitesse du vent au cours de la même journée mesurée à une hauteur de 10m du sol. Quant à la figure 4.19, elle donne l'évolution du DOD de la batterie au cours du même jour.

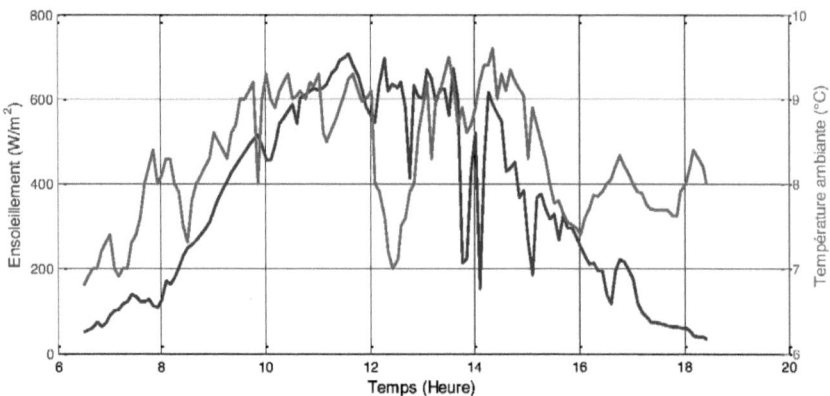

Figure 4.16 : Courbes de l'ensoleillement et de la température ambiante, (2 décembre 2010).

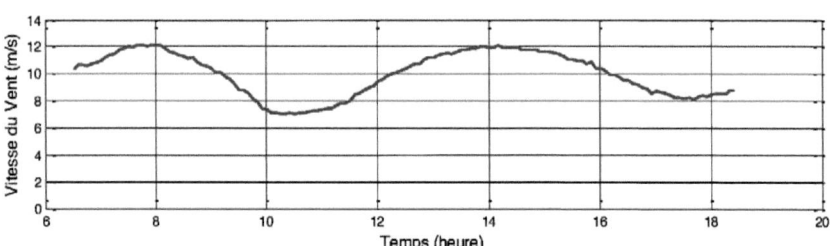

Figure 4.17 : Courbe de la vitesse du vent, (2 décembre 2010).

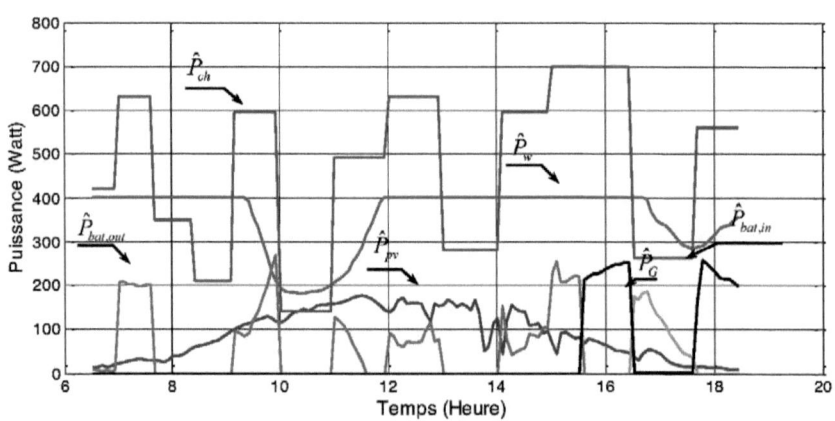

Figure 4.18 : Profils des puissances mises en jeux, charge constant, (2 décembre 2010).

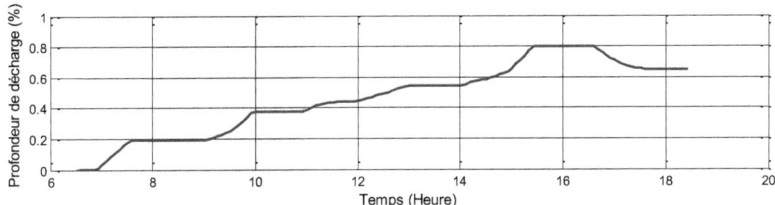

Figure 4.19 : Profondeur de décharge : DOD, (2 décembre 2010).

Suite à la simulation pour cette journée, les mêmes interprétations que celles de la journée de 10 Août 2010 restent valables malgrés le changement des profils des énergies renouvelables. Toutefois, le DOD de la batterie reste entre 0 et 55% jusqu'à 14h (fig.4.19) ce qui montre que la batterie est moins sollicitée pendant l'hiver. Cela est dû à ce que l'énergie éolienne est très importante au point que le générateur atteint sa puissance maximale sur de longues durées.

Enfin, le bilan énergétique (fig.4.20) montre de nouveau l'apport important des énergies renouvelables à l'installation (82%) et la faible participation du groupe électrogène (7%) et de la batterie (11%).

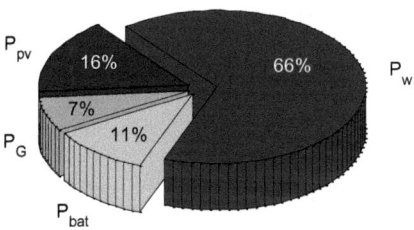

Figure 4.20 : Répartition de la puissance consommée, (2 décembre 2010).

Conclusion générale

Le taux d'intégration des énergies renouvelables dans la consommation de l'électricité dans le monde connaît de jour en jour un important accroissement. Ces dernières années, l'évolution rapide de la technologie de conversion de ces énergies inépuisables (éolienne, photovoltaïque, biomasse..., etc.) a conduit à un développement important à la fois en terme de puissance installée qu'en terme de diversité des services rendus. Cela a permis une augmentation considérable en rendement et en efficacité des systèmes hybrides de production de l'électricité. Toutefois, l'apport énergétique des réseaux multisources mettant en jeu de faibles puissances (dizaines de Watts à quelques kW), bien qu'il soit satisfaisant, un grand nombre d'incertitudes au niveau du dimensionnement et de la gestion du fonctionnement réel des installations nécessite encore des investigations. En effet, même si la plupart des réseaux hybrides installés ont donné satisfaction, leurs rendements et leurs taux d'exploitation demeurent faibles. L'amélioration de l'efficacité énergétique de ces réseaux multisources passe à travers deux phases complémentaires. La première phase, consiste à la modélisation et la simulation du fonctionnement de ces systèmes. La seconde phase est la planification et la gestion énergétiques avec validation expérimentale qui représente la vraie voie qui peut garantir un apport énergétique considérable aux installations.

Dans cet ouvrage, nous avons développé des méthodes d'analyse et des outils de caractérisation des réseaux hybrides autonomes à énergies renouvelables. Les algorithmes conçus et développés ont conduit à l'optimisation du fonctionnement des installations et ont fourni des facteurs indispensables à l'exploitation maximale de ces systèmes.

Nous avons commencé par présenter et évaluer la situation mondiale en énergies renouvelables à travers une recherche bibliographique, les innovations entretenues en termes d'intégration de ces énergies dans les installations ainsi que les avances des recherches dans les technologies de conception de ces installations.

Par suite, des outils d'évaluation des performances énergétiques renouvelables d'un site sont développés. Cela s'est manifesté par le développement de modèles mathématiques des paramètres climatiques nécessaires à l'estimation des énergies produites par les sources renouvelables. Enfin, une étude sur les différentes architectures des réseaux hybrides autonomes est menée.

À partir des caractéristiques physiques des différents composants du RHAER, un modèle mathématique pour chacun d'entre eux est établi, à savoir : les modèles des sources complémentaires telles que les batteries de stockages, le groupe électrogène, le générateur photovoltaïque, le générateur éolien. À travers une validation expérimentale, ces modèles ont montré leur efficacité d'être capables de simuler le comportement des éléments constituant le réseau dans les conditions réelles de fonctionnement. L'ensemble des modèles développés est structuré dans un algorithme de gestion énergétique pour simuler le fonctionnement réel du réseau et en régime dynamique.

Dans l'objectif d'apporter des améliorations aux RHAER étudiés, deux types d'algorithmes d'optimisation de l'apport énergétique sont développés, simulés puis validés. Un premier algorithme propose un outil de planification de l'énergie produite par un panneau photovoltaïque installé dans un foyer connecté au réseau public. Cet algorithme planifie la connexion des récepteurs au réseau ou au PPV selon l'énergie estimée disponible et des contraintes d'optimisation. Le deuxième outil consiste à un algorithme de gestion énergétique optimale d'un RHAER selon des critères technico-économiques d'intégration des sources dans le réseau. Cette gestion doit garantir une continuité d'alimentation du réseau et une exploitation maximale des sources d'énergies renouvelables.

L'approche proposée, même si elle a été validée sur des réseaux connectés au réseau public ou autonomes d'architecture prédéfinie, peut facilement être étendue à d'autres structures de réseaux complexes. Toutefois, il est important de développer des modèles spécifiques pouvant prendre en compte d'une façon fine les pertes dans la structure entière du RHAER. Ces algorithmes doivent se baser sur des modèles adoptant d'autres approches d'estimation plus simples à implémenter. De plus, il serait intéressant d'adapter ces méthodes pour la gestion des systèmes hybrides de forte puissance. Ainsi, les modèles seront en mesure d'inclure des fonctionnalités permettant le diagnostic en ligne du réseau et la prise en compte des dynamiques internes des sources ou éléments de stockage d'énergie électrique.

Symboles et abréviations

C	:	Condensateur de filtrage à la sortie du hacheur (μF)
$C_{méc}$	:	Couple mécanique développé par la turbine éolienne (μF)
C_p	:	Coefficient de puissance
C_g	:	Couple mécanique sur l'arbre de la génératrice (Nm)
C_{em}	:	Couple électromécanique sur l'arbre de la génératrice (Nm)
C_f	:	Couple du frottement visqueux (Nm)
C_m	:	Couple mécanique total sur l'arbre de la génératrice (Nm)
$C_{élément}$	:	Coût énergétique d'un élément de l'installation (€)
C_E	:	Coût énergétique de consommation ou de production (€)
C_U	:	Coût énergétique d'utilisation (€)
C_{max}	:	Capacité maximale de l'installation (Watt)
C_M	:	Coût d'entretien de maintenance (€)
C_{PV}	:	Coût total du système photovoltaïque (€)
$C_{I_{PV}}$	:	Coût total d'investissement du système photovoltaïque (€)
$C_{I_{bat}}$	:	Coût total d'investissement des batteries (€)
C_{I_W}	:	Coût total d'investissement de l'éolienne (€)
C_{bat}	:	Coût total des batteries (€)
C_{conv}	:	Coût énergétique annuel de l'onduleur (€)
C_{Ic}	:	Frais comptants de l'onduleur (€)
$C_{Ié}$	:	Frais payés sur la période de l'exploitation de l'onduleur (€)
$C_{T_{conv}}$	:	Coût énergétique total de l'onduleur (€)
$C_{T_{PV}}$	:	Coût énergétique total du photovoltaïque (€)
C_W	:	Coût énergétique de l'éolienne (€)
C_{T_W}	:	Coût énergétique total de l'éolienne (€)
$C_{T_{bat}}$	:	Coût énergétique total des batteries (€)
$C_{b_{usure}}$	:	Coût énergétique d'usure des batteries (€)
C_{Pb}	:	Capacité de batterie au plomb-acide (capacité de Peukert)
C_Z	:	Pas de calcul de la capacité de la batterie

$C_{Z,\tilde{n}}$	:	Capacité totale tirée de la batterie à l'instant $\tilde{n}$
D	:	Diode d'anti-retour du hacheur
DOD	:	Profondeur de décharge de la Batterie (Depth Of Discharge)
DB_d	:	Base de données de mesures des paramètres climatiques
$\Delta D(k)$	:	Variable de sortie " rapport cyclique " d'ordre k
E_0	:	Tension de la batterie en circuit ouvert (Volt)
E_{bat}	:	Capacité énergétique maximale du parc de batteries (kWh)
$E_{P_{bat}}$	:	Capacité énergétique maximale des batteries (kWh)
$\hat{E}_{bat}$	:	Energie estimée produite par le parc des batteries (kWh)
$\hat{E}_{pv}$	:	Energie estimée produite par le générateur photovoltaïque (kWh)
$\hat{E}_w$	:	Energie estimée produite par le générateur éolien (kWh)
$\hat{E}_{ER}$	:	Energie estimée produite par les sources renouvelables (kWh)
$\hat{E}_{ch}$	:	Energie estimée consommée par la charge (kWh)
$E(k)$	:	Variable d'entrée " Erreur " d'ordre k
$\Delta E(k)$	:	Variable d'entrée " changement de l'erreur E " d'ordre k
$\{Ex\}$	:	Espace non contraint des valeurs des composantes
$\{Cx_i\}$	:	Espace restreint de l'espace non contraint $\{Ex\}$
G	:	Ensoleillement global instantané (W/m2)
$\hat{G}$	:	Ensoleillement estimé (W/m^2)
$\hat{G}_d$	:	Ensoleillement estimé d'un jour d (W/m^2)
G_{sc}	:	Constante solaire (1367 W/m^2)
G_e	:	Gain du multiplicateur mécanique de l'éolien (Gearbox)
G_{con}	:	Conductance électrique (Siemens)
GMT_{lever}	:	Temps de lever du soleil relatif au GMT
$GMT_{coucher}$	:	Temps de coucher du soleil relatif au GMT
H	:	Ensoleillement global horizontal au sol (W/m^2)
$\overline{H}$	:	Moyenne mensuelle de l'ensoleillement global horizontal quotidien
H_d	:	Ensoleillement global horizontal diffusé (W/m^2)
H_0	:	Rayonnement extraterrestre sur une surface horizontale (joule/m^2)
$\overline{H}_0$	:	Moyenne mensuelle de l'ensoleillement extraterrestre sur l'horizontal

$\overline{H}_d$	:	Moyenne mensuelle de l'ensoleillement global horizontal diffus
H_b	:	Ensoleillement global horizontal direct (W/m^2)
$\overline{H}_b$	:	Moyenne mensuelle de l'ensoleillement global horizontal direct
H_t	:	Ensoleillement horaire sur le plan du champ photovoltaïque (W/m^2)
I_{ph}	:	Photocourant créé dans les photopiles par le rayonnement solaire (µA)
I_c	:	Intensité du courant produite par un module photovoltaïque (Ampère)
$\hat{I}_{c,d}$	:	Courant estimé de cellule photovoltaïque (Ampère)
I_{mpp}	:	Courant du maximum de puissance du générateur PV (Ampère)
I_{bat}	:	Courant des batteries (Ampère)
I_G	:	Courant du groupe électrogène (Ampère)
$\hat{I}_{mpp}$	:	Courant estimé du maximum de puissance du PV (Ampère)
I_{max}	:	Courant à puissance maximale fournie par un PPV (Ampère)
I_d	:	Courant de la diode du schéma équivalent d'une cellule PV (Ampère)
I_{pv}	:	Courant fournie par un panneau photovoltaïque (Ampère)
I_L	:	Courant dans l'inductance de lissage du hacheur (Ampère)
I_0	:	Courant de saturation inverse de la diode (Ampère)
I_{SC}	:	Courant de court-circuit d'un module photovoltaïque (Ampère)
I_D	:	Courant dans la diode d'anti-retour du hacheur (Ampère)
I_S	:	Courant à travers le transistor S (Ampère)
I_{RL}	:	Courant dans la charge électrique de l'installation (Ampère)
I_{CS}	:	Courant à travers le condensateur C (Ampère)
I_{opt}	:	Courant optimal généré par un panneau photovoltaïque (Ampère)
$I_{SC,STC}$	:	Courant de court-circuit dans les conditions standards (Ampère)
j	:	Numéro du jour dans l'année ($j = 1$ pour le 1er janvier)
J_g	:	Inertie de la génératrice (kg.m^2)
J_t	:	Inertie de la turbine reportée sur le rotor de la génératrice (kg.m^2)
J	:	Inertie totale sur le rotor de la génératrice (kg.m^2)
$J(t)$	:	Fonction coût en fonction du temps
$J(X)$	:	Fonction coût en fonction des valeurs des composantes

K_{min}	:	Facteur de limitation inférieure de décharge des batteries
K_{max}	:	Facteur de limitation supérieure de charge des batteries
K_{SOC}	:	Coefficient de charge-décharge des batteries
K_T	:	Indice de clarté (clearness index)
$\overline{K}_T$	:	Moyenne mensuelle de l'indice de clarté (varie entre 0.3 et 0.8)
K_{ge}		Gain de la fonction de transfert du moteur diesel
K_B	:	Constante de Boltzmann (1.3806×10^{-23} J/K)
L	:	Inductance de lissage du hacheur (Henry)
$\hat{M}_d$	:	Matrice des paramètres climatiques estimés pour un jour d
n	:	Facteur de non idéalité de la diode
$\tilde{n}$	:	Pas de calcul des grandeurs électriques de la batterie
N_a	:	Nombre d'années d'amortissement de l'installation
N_s	:	Nombre de cellules photovoltaïques connectées en série
N_p	:	Nombre de modules photovoltaïques connectés en parallèle
N_{cyc}	:	Nombre de cycle de charge et de décharge des batteries
N_{pd}	:	Produit constant du N_{cyc} par le DOD
$NMBE$	:	l'erreur normalisée moyenne (Normalized Mean Bias Error)
$\hat{P}_{pv}$	:	Puissance photovoltaïque produite estimée (Watt)
$\hat{P}_w$	:	Puissance éolienne produite estimée (Watt)
$\hat{P}_{ch}$	:	Puissance consommée estimée (Watt)
P_{bat}	:	Puissance instantannée produite par les batteries (Watt)
P_{ch}	:	Puissance de la charge (Watt)
P_G	:	Puissance produite par le groupe électrogène (Watt)
P_{pv}	:	Puissance produite par le générateur photovoltaïque (Watt)
P_w	:	Puissance produite par le générateur éolien (Watt)
$\hat{P}_{pv,d}$	:	Puissance photovoltaïque estimée produite pour un jour d (Watt)
$P_{pv,C}$	:	Puissance photovoltaïque consommée sur un jour d (Watt)
$P_{pv,L}$	:	Puissance photovoltaïque perdue au cours d'un jour d (Watt)
$P_{ré,C}$	:	Puissance consommée à partir du réseau sur un jour d (Watt)
P_{max}	:	Puissance maximale du panneau photovoltaïque (Watt)
P_{pPV}	:	Puissance crête photovoltaïque installée (Watt)

P_{p_W}	:	Puissance crête éolienne installée (Watt)
$\hat{P}_{pv,d,mpp}$	:	Puissance maximale estimée pour un jour d (Watt)
$P_{P_{bat}}$	:	Puissance batterie installée (Watt)
$P_{bat,in}$	:	Puissance consigne de charge des batteries (Watt)
$P_{bat,out}$	:	Puissance consigne de décharge des batteries (Watt)
P_{conv}	:	Puissance maximale de l'onduleur (Watt)
P_m	:	Puissance mécanique à l'arbre de la génératrice (Watt)
$P_{éol}$	:	Puissance développée par l'éolienne (Watt)
$P_{aéro}$	:	Puissance aérodynamique de l'éolienne (Watt)
P_{Pertes}	:	Pertes en puissance électrique du générateur éolien (Watt)
P_{vent}	:	Puissance issue de l'énergie cinétique du vent (Watt)
$P_{méc}$	:	Puissance mécanique à la sortie de la turbine éolienne (Watt)
q	:	Charge élémentaire d'électron (1.6×10^{-19} C)
R_a	:	Rapport des ensoleillements directs sur le champ PV et sur l'horizontal
R_s	:	Résistance série d'une cellule photovoltaïque (ohm)
R_{sh}	:	Résistance shunt d'une cellule photovoltaïque (ohm)
R_e	:	Rayon de l'hélice de la turbine éolienne (mètre)
R_L	:	Résistance de la charge électrique de l'installation (ohm)
r_{ch}, r_{dch}	:	Vitesses de charge et de décharge des batteries
R_1, R_2, C_1	:	Paramètres d'impédance interne équivalente d'une cellule de la batterie
STC	:	Conditions standards (1000W/m², 25 °C)
S	:	Switch électronique (transistor MOSFET, S)
S_{max}	:	Capacité énergétique maximale de stockage (kWh)
SOC	:	Etat de charge des batteries (%)
S_{pv}	:	Surface active d'un panneau photovoltaïque (m²)
S_e	:	Aire de la surface de l'hélice de la turbine éolienne (m²)
t	:	Pas du temps de calcul (seconde)
T	:	Période des signaux électriques du hacheur (seconde)
$T_{déch}$	:	Temps de décharge à courant constant de la batterie
T_{md}	:	Couple mécanique sur l'arbre du moteur diesel (Nm)

T_{es}	:	Couple de charge sur l'arbre de génératrice (Nm)
$\hat{T}_{a,d}$	:	Température ambiante estimée pour un jour d (°Celsus)
T_a	:	Température ambiante du site (°Celsus)
$T_{a,max}$		Température ambiante maximale (°Celsus)
$T_{a,min}$		Température ambiante minimale (°Celsus)
$T_{a,moy}$		Température ambiante moyenne (°Celsus)
$T_{1,ref}$	:	Température de référence à 1000W/m², 298K (25°C)
$T_{2,ref}$	:	Température de référence pour à 800W/m², 293K (20°C)
U_1	:	Vecteur des mesures de l'ensoleillement
U_2	:	Vecteur des mesures de la température ambiante
$\hat{V}_e$	:	Vitesse du vent estimée (m/s)
V_c	:	Tension aux bornes d'un module photovoltaïque (Volt)
$\hat{V}_{c,d}$	:	Tension estimée de cellule photovoltaïque (Volt)
V_{pv}	:	Tension délivrée par un panneau photovoltaïque (en Volt)
V_{OC}	:	Tension du module en circuit ouvert (Volt)
V_{mpp}	:	Tension du maximum de puissance du générateur PV (Volt)
$\hat{V}_{mpp}$	:	Tension estimée du maximum de puissance du PV (Volt)
V_e	:	Vitesse du vent traversant les pâles la turbine éolienne (m/s)
V_{opt}	:	Tension optimale fournie par un panneau photovoltaïque (Volt)
V_{max}	:	Tension à puissance maximale du panneau PV (Volt)
V_{RL}	:	Tension aux bornes de la charge R_L (Volt)
V_S	:	Tension aux bornes du transistor S (Volt)
$V(t)$	:	Vecteur de commande du système
V_{bat}	:	Tension des batteries (Volt)
$W_{T_{bat}}$	:	Energie totale transitée par les batteries (Wh)
$X(t)$	:	Vecteur des composantes du système
x_E	:	Puissance consommée ou produite (Watt)
$x_{E\max}$	:	Puissance maximale de l'installation (Watt)
α_{PV}	:	Degré d'implication de la puissance photovoltaïque
α_W	:	Degré d'implication de la puissance éolienne

α_{bat}	:	Degré d'implication de la puissance des batteries
α_G	:	Degré d'implication de la puissance de la source auxiliaire
α_S	:	Rapport cyclique « angle d'amorçage du MOSFET S »
α	:	Hauteur du soleil (degré)
β	:	Angle de calage fixe de la turbine éolienne
β_a	:	Coefficient annuel moyen lié au frais d'entretien annuel
β_c	:	Angle d'inclinaison du champ photovoltaïque (degré)
β_{PV}	:	Coût annuel d'entretien du système photovoltaïque (€)
β_W	:	Coût annuel d'entretien de l'éolienne (€)
β_{bat}	:	Coût annuel d'entretien des batteries (€)
β_{PV}	:	Coût énergétique annuel estimé du photovoltaïque (€)
β_W	:	Coût énergétique annuel estimé de l'éolienne (€)
γ	:	Azimut du capteur (degré)
γ_a	:	Coefficient moyen lié à l'usure
γ_{bat}	:	Coefficient d'usure des batteries
γ_W	:	Coefficient d'usure de l'éolienne
λ_e	:	Rapport de la vitesse linéaire de la turbine éolienne
ψ	:	Azimut solaire (degré)
δ	:	Déclinaison du soleil (varie entre +23°45' et -23°45')
φ	:	Latitude du site (degré)
ρ	:	Albédo du sol (coefficient de réflexion de lumière diffuse)
θ	:	Angle d'incidence de l'ensoleillement direct sur le champ PV
θ_z	:	Angle zénithal du soleil (degré)
ω	:	Angle horaire du soleil (degré)
ω_s	:	Angle du soleil au son coucher (degré)
Ω_e	:	Vitesse mécanique angulaire de la turbine éolienne (rad/s)
Ω_g	:	Vitesse angulaire de la génératrice couplée sur l'éolien (rad/s)
Ω_m	:	Vitesse angulaire totale sur l'arbre de la génératrice (rad/s)
η_{diode}	:	Rendement de la diode d'une cellule photovoltaïque
$\eta_{connexion}$	:	Rendement des connexions d'un panneau photovoltaïque
$\eta_{cellule}$	:	Rendement d'une cellule d'un panneau photovoltaïque
η_{pv}	:	Rendement du panneau photovoltaïque

η_{bat}	:	Rendement de la batterie (%)
$\eta_{éol}$	:	Rendement de l'éolienne
ρ_e	:	Masse volumique de l'air traversant les pales de la turbine
τ_f	:	Constante du temps de retard du moteur diesel
τ_{ge}	:	Constante du temps du moteur diesel
ℓ	:	Variable binaire (vaut 1 pour charge, 0 pour décharge)
κ_{bat}	:	Coût énergétique de fonctionnement des batteries (€)
κ_W	:	Coût énergétique de fonctionnement de l'éolienne (€)

Liste des figures

1.1	:	Consommation d'énergie primaire dans le monde et prévisions	8
1.2	:	Répartition des sources primaires d'énergie dans le monde	9
1.3	:	Production mondiale de l'électricité basée sur les énergies renouvelables	9
1.4a	:	Évolution de la production photovoltaïque mondiale	11
1.4b	:	Évolution de la production mondiale de cellules photovoltaïques en MW	12
1.5	:	Évolution de la production éolienne cumulée dans le monde	12
1.6	:	Structure d'un système d'énergie hybride	16
1.7	:	Architecture série à bus continu d'un SHAER	17
1.8	:	Architecture série à bus alternatif d'un SHAER	18
1.9	:	Architecture commutée d'un RHAER	19
1.10	:	Topologie parallèle d'un RHAER	20
1.11	:	Diagramme de gestion des priorités des charges	24
1.12	:	Gestion de l'énergie par hystérésis	26
1.13	:	Classification des perturbations du point de vue qualité de l'énergie	27
2.1	:	Mouvement de la terre autour du soleil	31
2.2	:	Ensoleillement reçu sur plan incliné	34
2.3	:	Schéma de connexion d'un PPV	36
2.4	:	Schéma électrique équivalent d'une cellule photovoltaïque	36
2.5	:	Synoptique de l'adaptation DC-DC	38
2.6	:	Schéma équivalent d'un hacheur boost	39
2.7	:	Diagramme de fonctionnement en régime continu	40
2.8	:	Fonctionnement d'un hacheur boost en régime critique	41
2.9	:	Positionnement de l'MPPT suivant le signe de dP_{pv}/dV_{pv}	42
2.10	:	Algorithme de la méthode de perturbation et observation	43
2.11	:	Algorithme de la méthode de la conductance incrémentale	43
2.12	:	Structure de base de la commande floue	45
2.13	:	Fonctions d'appartenance des variables E et ΔE	45
2.14	:	Fonctions d'appartenance de la variable ΔD	45
2.15	:	Courbes d'estimation de G, de T_a et de P_{pv}	48
2.16	:	Simulation des caractéristiques $I(V)$ et $P(V)$	48
2.17	:	Caractéristiques $I_{pv}(V_{pv})$ et $P_{pv}(V_{pv})$ en fonction de l'ensoleillement	49
2.18	:	Caractéristiques $I_{pv}(V_{pv})$ et $P_{pv}(V_{pv})$ en fonction de la température	49

2.19	:	Poursuite de l'MPPT par la méthode P&O	50
2.20	:	Poursuite de l'MPPT par la méthode IncCond	50
2.21	:	Poursuite de l'MPPT par la logique floue	51
2.22	:	Bilan énergétique annuel	51
2.23	:	Installation PV : CMERP-ENIS	52
2.24	:	Eléments constitutifs d'une éolienne	52
2.25	:	Coefficient de puissance en fonction du rapport de vitesse	55
2.26	:	Puissance de sortie de la turbine éolienne en fonction de la vitesse mécanique	56
2.27	:	Courbe de la répartition de la vitesse du vent	56
2.28	:	Courbe de la puissance produite par le générateur éolien	57
2.29	:	Courbe de la puissance en fonction de la vitesse du vent	57
2.30	:	Schéma électrique équivalent d'une cellule de la batterie plomb-acide	58
2.31	:	Courbe de variations de la puissance, du courant et du DOD de la batterie	60
2.32	:	Schéma synoptique d'un groupe électrogène	60
2.33	:	Schéma fonctionnel du groupe électrogène	61
2.34	:	Courbe de la tension de sortie du GE en fonction du temps	61
3.1	:	Synoptique de la stratégie de gestion énergétique d'un RHER.	65
3.2	:	Mécanisme de calcul d'une sortie floue	67
3.3	:	Architecture d'un réseau ANFIS	68
3.4	:	Synoptique de la prédiction par ANFIS	69
3.5	:	Architecture Neuro-Floue appliquée à l'estimation des paramètres climatiques	71
3.6	:	Courbe d'estimation de la puissance photovoltaïque	73
3.7	:	Image satellitaire de répartition de la vitesse du vent	74
3.8	:	Courbe de répartition de la vitesse du vent	74
3.9	:	Courbe de la puissance générée par l'éolienne	75
3.10	:	Profil de la consommation d'un domicile	75
3.11	:	Schéma synoptique de RHER	79
4.1	:	Synoptique de l'approche proposée	89
4.2	:	Forme générale d'une fonction d'appartenance $\mu(x)$	92
4.3	:	Schéma synoptique de l'installation	94
4.4a	:	Connexions des appareils : 1er cas d'étude	95
4.4b	:	Bilan de puissance: 1er cas d'étude	96

4.5a	:	Connexions des appareils : 2ème cas d'étude	96
4.5b	:	Bilan de puissances : 2ème cas d'étude	97
4.6a	:	Connexions des appareils : 3ème cas d'étude	98
4.6b	:	Bilan de puissances : 3ème cas d'étude	98
4.7	:	Variation du coefficient d'efficacité	100
4.8	:	Schéma UML de planification énergétique d'un RHAER	101
4.9	:	Organigramme de planification énergétique du RHAER	103
4.10	:	Schéma de simulation sous Matlab/Simulink du RHAER	104
4.11	:	Courbes de l'ensoleillement et de la température ambiante, (10 Août 2010)	105
4.12	:	Courbe de la vitesse du vent, (10 Aout 2010)	105
4.13	:	Profils des puissances mises en jeux, (10 Aout 2010)	106
4.14	:	Profondeur de décharge : DOD, (10 Aout 2010)	106
4.15	:	Répartition de la puissance consommée, (10 Aout 2010)	107
4.16	:	Courbes de l'ensoleillement et de la température ambiante, (2 décembre 2010)	108
4.17	:	Courbe de la vitesse du vent, (2 décembre 2010)	108
4.18	:	Profils des puissances mises en jeux, charge constant, (2 décembre 2010)	108
4.19	:	Profondeur de décharge : DOD, (2 décembre 2010)	109
4.20	:	Répartition de la puissance consommée, (2 décembre 2010)	109

Liste des tableaux

1.0	:	Synthèse des outils de dimensionnement des RHAER	21
2.0	:	Règles floues relatives au contrôleur MPPT	46
3.0	:	Caractéristiques électriques typiques d'un module TE500CR$^+$	71
4.1	:	Modes de fonctionnement	90
4.2	:	Partitions floues des états des appareils, de la $P_{pv,d}$ estimée et de la commande des connexions	91
4.3	:	Audit énergétique mensuel	100

Références bibliographiques

[1] IEA-AIE, " Key World Energy Statistics 2009", International Energy Agency, rue de la fédération 75739 Paris Cedex 15, www.iea.org, Rapport 2009.

[2] Miguel LOPEZ, "Contribution à l'optimisation d'un système de conversion éolien pour une unité de production isolée", Thèse de doctorat, Faculté des sciences d'Orsay, 2008.

[3] Y. PANKOW, "Etude de l'intégration de la production décentralisée dans un réseau Basse Tension. Application au générateur photovoltaïque", Thèse de doctorat, l'Ecole Nationale Supérieure des Arts et Métiers, décembre 2004.

[4] Ph. DEGOBERT, S. KREUAWAN, X. GUILLAUD, "Micro-grid powered by photovoltaic and micro turbine", International Conference on Renewable Energy and Power Quality (ICREPQ'06), Palma de Mallorca, Spain, April 5-7, 2006.

[5] H. GAZTANAGA ARANTZAMENDI, "Etude de structures d'intégration des systèmes de génération décentralisée : Application aux micro-réseaux", Thèse de doctorat, l'Institut Nationale Polytechnique de Grenoble, le 15 décembre 2006.

[6] WWEA, "Rapport Mondial 2009 sur l'Energie Eolienne", 9th World Wind Energy Conference & Exhibition Large-scale Integration of Wind Power Istanbul, Turquie 15-17 juin 2010. Available at www.wwec2010.com.

[7] Vincent COURTECUISSE, "Supervision d'une centrale multisources à base d'éoliennes et de stockage d'énergie connectée au réseau électrique.", Thèse de doctorat de l'École Nationale Supérieure d'Arts et Métiers, Novembre 2008.

[8] F. KATIRAEI, M.R. IRAVANI, "Power management strategies for a microgrid with multiple distributed generation units", IEEE Trans. on Power Systems, vol. 21, No. 4, pp.1821-31, November 2006.

[9] S. KREUAWAN, "Etude d'un mini réseau hybride associant une centrale photovoltaïque et une micro turbine à gaz", Mémoire de Master «Encrgie Renouvelable et Electronique de Puissance», Université des Sciences et Technologies de Lille, 2005.

[10] E.S. Sreeraj, Kishore Chatterjee, Santanu Bandyopadhyay, "Design of isolated renewable hybrid power systems", Solar Energy, Vol. 84, 1124-1136, 2010.

[11] A.B. Kanase-Patil, R.P. Saini, M.P. Sharma, "Integrated renewable energy systems for off grid rural electrification of remote area", Renewable Energy, 2010, Vol.35, 1342-49.

[12] Jan T. Bialasiewicz, "Renewable energy systems with photovoltaic power generators: operation and modeling", IEEE Trans. on Indus. Electronics,Vol.55, pp.2752-58,2008.

[13] Jorge Martınez, Aurelio Medina, "A state space model for the dynamic operation representation of small-scale wind-photovoltaic hybrid systems", Renewable Energy, Vol. 35, 1159–1168, 2010.

[14] Q. Diaf, G. Notton, M. Belhamel, M. Haddadi, A. Louche, "Design and techno-economial optimization for hybrid PV/wind system under various meteorological conditions", Applied Energy, 2008, Vol. 85, 968-987.

[15] Thanaa F. El-Shatter, Mona N. Eskander, Mohsen T. El-Hagry, "Energy flow and management of a hybrid wind/PV/fuel cell generation system", Energy Conversion and Management, Vol. 47, 1264–1280, 2006.

[16] Geoffrey T. Klise and Joshua S. Stein, "Models Used to Assess the Performance of Photovoltaic Systems", Sandia National Laboratories Report, December 2009.

[17] José L. Bernal-Agustin, Rodolfo Dufo-Lopez, "Simulation and optimization of stand-alone hybrid renewable energy", Renewable and Sustainable Energy Reviews, 2009 vol. 13, 2111–2118.

[18] Gabriele Seeling-Hochmuth, "Optimisation of hybrid energy systems sizing and operation control", A Dissertation presented to the University of Kassel in Candidacy for the Degree of Dr.-Ing. Canada, October 1988.

[19] National Renewable Energy Laboratory (NREL): HOMER Getting Started Guide, Version 2.1, 2005. Available at http://www.homerenergy.com/ documentation. html, accessed April 23, 2010.

[20] National Renewable Energy Laboratory (NREL): HOMER Software, version 2.75 Available at http://www.homerenergy.com/software.html, accessed April 23, 2010.

[21] Lambert, T., Gilman, P., Lilienthal, P.: Micropower system modeling with HOMER. In Integration of alternative sources of energy, Farret, F.A. and Simões, M.G., John Wiley & Sons, pp.379-418, 2006.

[22] Givler T, Lilienthal P, Using HOMER Software, NREL's Micropower Optimization Model, to Explore the Role of Gen-sets in Small Solar Power Systems; Case study: SriLanka, NREL/TP-710-36774, May 2005 (www.nrel.gov/docs/fy05osti/36774.pdf)

[23] Indradip Mitra, "Optimum Utilisation of Renewable Energy for Electrification of Small Islands in Developing Countries", PhD Thesis, ISET, Institut für Solare Energieversorgungstechnik Verein an der Universität Kassel. November 2008.

[24] Ionel VECHIU, "Modélisation et analyse de l'intégration des énergies renouvelables dans un réseau autonome", thèse de doctorat en Génie Electrique de l'Université du Havre, décembre 2005.

[25] Mohamed Djarallah, "Contribution à l'étude des systèmes photovoltaïques résidentiels couplés au réseau électrique", Thèse de doctorat en génie électrique de de l'Université de Batna, Janvier 2008.

[26] Zekai Sen, "Solar Energy Fundamentals and Modeling Techniques, Atmosphere Environment, Climate Change and Renewable Energy", ISBN 978-1-84800-133-6, DOI 10.1007/978-1-84800-134-3; Springer 2008.

[27] Corinne Dubois, "Le guide de l'éolien, techniques et pratiques", ISBN : 978-2-212-12431-6, Edition EYROLLES 2009.

[28] Clean Energy Decision Support Centre, "Phovoltaic project analysis, Chapter", ISBN: 0-662-35672-1, Catalogue no.: M39-99/2003E, RETScreen International 2001-2004.

[29] R. Posadillo, R. Lopez Luque, "Hourly distributions of the diffuse fraction of global solar irradiation in Cordoba (Spain)", Energy Conversion and Management vol.50, pp.223–231, Elsevier 2009.

[30] Souhir Sallem, Mohsen Ben Ammar, Maher Chaabene,"Fuzzy rules based energy management of a PVP/battery/load system", *World Renewable Energy Congress WREC X*, PV63, pp. 1384-1389, Glasgow, Scotland, 19-25 July 2008.

[31] M. Chaâbane, M. Annabi, "A dynamic model for predicting solar plant performance and optimum control", *Energy*, Volume 22, Issue 6, pp. 567-578, June 1997.

[32] R. Chenni, M. Maklouf, T. Kerbache, A. Bouzid, "A detailed modeling for photovoltaic cells"- *Solar Energy* 32, 2007.

[33] Rachid Belfkira, Cristian Nichita and Georges Barakat, "Modeling and Optimization of Wind/PV System for Stand-Alone Site", Proceedings of the 2008 International Conference on Electrical Machines, Paper ID 1020, 978-1-4244-1736-0/08, IEEE 2008.

[34] H. H. El-Tamaly, Adel A. Elbaset Mohammed, "Modeling and Simulation of Photovoltaic/Wind Hybrid Electric Power System Interconnected with Electrical Utility", 978-1-4244-1933-3/08, pp. 645-649, IEEE 2008.

[35] M. Claude LISHOU, "Etude, Modélisation et Simulation en temps réel de systems photovoltaïques à stockage d'énergie. Application à la Sûreté de Fonctionnement de centrales solaires hybrides". Thèse de l'Université des Sciences et Techniques de Chikh Diop de Dakar, 1998.

[36] Liu X., Lopes L.A.C.: "An improved perturbation and observation maximum power point tracking algorithm for PV arrays" *Power Electronics Specialists Conference, 2004. PESC 04.* 2004 IEEE 35th Annual Volume 3, pp. 2005 – 2010, 20-25 June 2004

[37] Femia N., Petrone G., Spagnuolo G., Vitelli M, "Optimizing duty-cycle perturbation of P&O MPPT technique" *Power Electronics Specialists Conference, 2004. PESC 04.* 2004 IEEE 35th Annual Volume 3, pp.1939 - 1944, 20-25 June 2004.

[38] Maria Carmela Di Piazza, Gianpaolo Vitale, "Photovoltaic field emulation including dynamic and partial shadow conditions", Applied Energy Vol.87 pp.814–823, doi:10.1016/j.apenergy.2009.09.036, Elsevier 2010

[39] S. Lalouni, D. Rekioua, T. Rekioua, E. Matagne, "Fuzzy logic control of stand-alone photovoltaic system with battery storage", *Journal of Power Sources* 193, pp.899–907, 2009.

[40] Syafaruddin, Engin Karatepe, Takashi Hiyama, "Polar coordinated fuzzy controller based real-time maximum-power point control of photovoltaic system", Renewable Energy Vol. 34 pp.2597–2606, doi:10.1016/j.renene. 2009.04.022, Elsevier 2009.

[41] G. Walker, "Evaluating MPPT converter topologies using a MATLAB PV model," *Journal of Electrical & Electronics Engineering, Australia*, IEAust, vol.21, No. 1, pp.49-56, 2001.

[42] Sinan Akpinar a, Ebru Kavak Akpinar," Estimation of wind energy potential using finite mixture distribution models", Energy Conversion and Management vol. 50 pp.877–884, Elsevier 2009.

[43] Y.-T. Hsiao and C.-H. Chen, "Maximum power tracking for photovoltaic power system," in *Conf. Record of the 37th IAS Annual Meeting Ind. Applicat. Conf.*, pp. 1035-1040, 2002.

[44] T.-Y. Kim, H.-G. Ahn, S. K. Park, and Y.-K. Lee, "A novel maximum power point tracking control for photovoltaic power system under rapidly changing solar radiation," in *IEEE International Symp. on Ind. Electron*, pp. 1011-1014., 2001.

[45] Y.-C. Kuo, T.-J. Liang, and J. F. Chen, "Novel maximum-power-point tracking controller for photovoltaic energy conversion system", *IEEE Trans. Ind. Electron.*, vol. 48, pp. 594-601, June 2001.

[46] MATLAB Simulink "Creating Graphical User Interfaces" Version 7.9 [Online]. Available : http://www.mathworks.com/access/ helpdesk/ help/ techdoc / creating_guis/ bqz79mu.html

[47] Mohsen BEN AMMAR, Majed BEN AMMAR, Maher CHAABENE, Abdelhamid RABHI and Ahmed EL HAJJAJI, "Characterization tool for photovoltaic power sources", 18th Mediterranean Conference on Control & Automation Congress Palace Hotel, Marrakech, Morocco, June 23-25, 2010. pp.1609-1613, 978-1-4244-8092-0/10/ IEEE2010.

[48] Mohsen BEN AMMAR, Maher CHAABENE, Abdelhamid RABHI, "Simulateur de systèmes photovoltaïques autour du GUI de Matlab", JTEA2008, pp.1015-1019, La cinquième Conférence Internationale d'Electrotechnique et d'Automatique, 02-04 Mai 2008, Hammamet, Tunisie.

[49] Mohsen BEN AMMAR, Majed BEN AMMAR, Maher CHAABENE, Abdelhamid RABHI and Ahmed EL HAJJAJI, "Logiciel de Simulation de systèmes photovoltaïques sous Matlab/simulink", N°35-CCII2010, Congreso Científico Internacional de Ingeniería, Tetouán 2010.

[50] Hussein K.H., Muta I., Hoshino T., Osakada, M.: "Maximum photovoltaic power tracking: an algorithm for rapidly changing atmospheric conditions". *Generation, Transmission and Distribution, IEE Proceedings*-Volume 142 Issue 1, pp. 59 – 64, Jan. 1995.

[51] Rachid Belfkira, Cristian Nichita and Georges Barakat, "Modeling and Optimization of Wind/PV System for Stand-Alone Site", Proceedings of the 2008 International Conference on Electrical Machines, Paper ID 1020, 978-1-4244-1736-0/08, IEEE 2008.

[52] ML. Doumbia, K. Agbossou and C.-L. Proulx, "LabVIEW Modelling and Simulation of a hydrogen Based Photovoltaic/Wind Energy System", ELECTROMOTION 2009 – EPE Chapter 'Electric Drives' Joint Symposium, 1-3 July 2009, Lille, France, 978-1-4244-5152-4/09/ IEEE IEEE.

[53] Mohsen Ben Ammar, Maher Chaabene, Ahmed Elhajjaji, "Daily energy planning of a household photovoltaic panel", Applied Energy, Volume 87, Issue 7, July 2010, Pages 2340-2351, doi:10.1016/j.apenergy.2010.01.016.

[54] Chokri Ben SALAH, Maher CHAABENE et Mohsen Ben AMMAR "Gestion de l'alimentation d'une installation à partir d'un panneau photovoltaïque et du réseau", International Congress on the Engineering of Renewable Energies - CERE'2006, November, 06-08, 2006, Hammamet, Tunisia.

[55] M. Chaabene, M. Ben Ammar, "Neuro-Fuzzy Dynamic Model with Kalman Filter to Forecast Irradiance and Temperature for Solar Energy Systems", Renew Energy (2007), doi:10.1016/j.renene.2007.05.036.

[56] M. Ben Ammar, M. Chaabene, C. Ben Salah, "Dynamic predictor of climatic parameters", The Eighth international conference on Sciences and Techniques of Automatic control, November 05-07, 2007, Sousse, Tunisia, Reference STA07 - AIA - 288

[57] M. Ben Ammar, M. Chaabene, W. Saadaoui, "Modèle dynamique neuro-flou pour la prédiction des paramètres climatiques ", International Congress on the Engineering of Renewable Energies, CERE'2006, Hammamet, Ref: PV18.

[58] L. Stoyanov, G. Notton et V. Lazarov, "Optimisation des systèmes multi-sources de production d'électricité à énergies renouvelables", Revue des Energies Renouvelables Vol. 10 N°1 (2007) pages 1-18.

[59] J.-S. R. Jang, "ANFIS: Adaptive-Network-based Fuzzy Inference Systems", IEEE Transactions on Systems, Man, and Cybernetics, Vol. 23, No. 3, pages 665-685, May 1993.

[60] José L. Bernal-Agustın, Rodolfo Dufo-Lopez, "Multi-objective design and control of hybrid systems minimizing costs and unmet load", Electric Power Systems Research 79 (2009) Pages 170–180, doi:10.1016/j.epsr.2008.05.011.

[61] S. N. Sivanandam, S. Sumathi and S. N. Deepa, "Introduction to Fuzzy logic using Matlab", ISBN-13 978-3-540-35780-3 S pringer Berlin Heidelberg New York, Edition 2007.

[62] Mahdi Aliyari, Shoorehdeli, Mohammad, Teshnehlab and Ali Khaki Sedigh, "raining ANFIS as an identifier with intelligent hybrid stable learning algorithm based on particle swarm optimization and extended Kalman filter ", Fuzzy Sets and Systems, I 160 (2009) 922–948.

[63] R. Ata, Y. Kocyigit, "An adaptive neuro-fuzzy inference system approach for prediction of tip speed ratio in wind turbines", Expert Systems with Applications 37 (2010) 5454–5460.

[64] H.M.I. Pousinho, V.M.F. Mendes, J.P.S. Catalo, "A hybrid PSO–ANFIS approach for short-term wind power prediction in Portugal", Energy Conversion and Management 52 (2011) 397–402.

[65] Zhiling Yang, Yongqian Liu, Chengrong Li, "Interpolation of missing wind data based on ANFIS", Renewable Energy 36 (2011) 993-998.

[66] Dimitris Ipsakis, Spyros Voutetakis, Panos Seferlis, Fotis Stergiopoulos, Costas Elmasides, "Power management strategies for a stand-alone power system using renewable energy sources and hydrogen storage"; international journal of hydrogen energy 34 (2009) 7081–7095.

[67] Issam Houssamo, Fabrice Locment, Manuela Sechilariu, "Maximum power tracking for photovoltaic power system: Development and experimental comparison of two algorithms" Renewable Energy 35 (2010) Pages 2381-2387, doi:10.1016/j.renene. 2010.04.006.

[68] Abdelaziz ARBAOUI, "Aide à la décision pour la définition d'un système éolien, Adéquation au site et un réseau faible", Thèse de spécialité de École Nationale Supérieure d'Arts et Métiers - Centre de Bordeaux, 2006.

[69] Sophie Demassey, "Méhodes Hybrides de Programmation par Contraintes et Programmation Linéaire pour le Problème d'Ordonnancement de Projet µa Contraintes de Ressources", Thèse de l'Academie d'Aix-Marseille, 2003.

[70] Olivier Gergaud, "Modélisation énergétique et optimisation économique d'un système éolien et photovoltaïque couplé au réseau et associé à un accumulateur", Thèse de spécialité de l'Ecole Normale Supérieure de Cachan, 2002.

[71] T.T Ha Pham, C. Clastres, F. Wurtz, S. Bacha and S. Ploix, "Mise en œuvre de l'optimisation pour le dimensionnement et les études de faisabilité des systèmes multi-sources électriques dans le bâtiment", IBPSA, International Building Performance Simulation Association, France 2008.

[72] Raquel Segurado, Goran Krajacic, Neven Duic, Luis Alves, "Increasing the penetration of renewable energy resources in S. Vicente, Cape Verde", Applied Energy 88 (2011) 466–472.

[73] Jérémi REGNIER, "Conception de systèmes hétérogènes en Génie Électrique par optimisation évolutionnaire multicritère", Thèse de spécialité de l'Institut Nationale Polytechnique de Toulouse, 2003.

[74] Rudi Kaiser, "Optimized battery-management system to improve storage lifetime in renewable energy systems", Journal of Power Sources 168 (2007) pp:58–65.

[75] Yann Riffonneau, "Gestion des flux énergétiques d'un système photovoltaïque avec stockage appliquée au réseau – application à l'habitat", Thèse de spécialité de l'Université Joseph Fourier, 2009.

[76] Guillaume FOGGIA, "Pilotage optimal de système multi-sources pour le bâtiment", Thèse de spécialité de l'Institut Polytechnique de Grenoble, 2009.

[77] Benghanem M. "Low cost management for photovoltaic systems in isolated site with new IV characterization model proposed", Energy Conversion and Management, 2009; 50:748–55.

[78] Rashed Mohamed, Elmitwally A., Kaddah Sahar, "New control approach for a PV-diesel autonomous power system". Electric Power Systems Research 2008; 78:949–6.

[79] Mamdani E.H. and Assilian S. "An experiment in linguistic synthesis with a fuzzy logic controller". International Journal of Man-Machine Studies 1975; 7(1):1-13.

[80] Sallem Souhir, Ben Ammar Mohsen, Chaabene Maher, MBA Kamoun, "Fuzzy rules based energy management of a PVP/battery/load system", In World Renewable Energy Congress X and Exhibition, Glasgow, Scotland; 19–25 July 2008.

[81] Chaabene M, Ben Ammar M. "Neuro-fuzzy dynamic model with Kalman filter to forecast irradiance and temperature for solar energy systems". Renewable Energy 2008; 33:1435–43.

[82] Koussa M., Malek A., Haddadi M. "Statistical comparison of monthly mean hourly and daily diffuse and global solar irradiation models and a Simulink program development for various Algerian climates". Energy Conversion and Management 2009; 50:1227–35.

[83] SIEBERT Nils, "Development of Methods for Regional Wind Power Forecasting", Thèse en Energétique de l'Ecole de Mine de Paris, ParisTech, 6 mars 2008.

[84] Mehdi Dali, Jamel Belhadj, Xavier Roboam, "Design of a stand-alone hybrid Photovoltaic-Wind generating system with battery storage", 1st International Conference on Electrical Engineering Design and Technologies (*ICEEDT*) – November 5-6 *2007* – Hammamet, Tunisia.

[85] Mehdi Dali, Jamel Belhadj, Xavier Roboam, "Hybrid solarewind system with battery storage operating in grid–connected and standalone mode: Control and energy management - Experimental investigation", Energy 2010; 35:2587-95.

[86] Krisztina Leban, Ewen Ritchie, "Selecting the Accurate Solar Panel Simulation Model", Nordic Workshop on Power and Industrial Electronics (NORPIE), Helsinki University of Technology Faculty of Electronics, Communications and Automation Espoo, Finland, June 9-11, 2008.

Oui, je veux morebooks!

i want morebooks!

Buy your books fast and straightforward online - at one of the world's fastest growing online book stores! Environmentally sound due to Print-on-Demand technologies.

Buy your books online at
www.get-morebooks.com

Achetez vos livres en ligne, vite et bien, sur l'une des librairies en ligne les plus performantes au monde!
En protégeant nos ressources et notre environnement grâce à l'impression à la demande.

La librairie en ligne pour acheter plus vite
www.morebooks.fr

OmniScriptum Marketing DEU GmbH
Heinrich-Böcking-Str. 6-8
D - 66121 Saarbrücken
Telefax: +49 681 93 81 567-9

info@omniscriptum.de
www.omniscriptum.de

Printed by Books on Demand GmbH, Norderstedt / Germany